JN007899

気候安全保障の論理

気候変動の地政学リスク

CLIMATE SECURITY

関山 健
Takashi Sekiyama

日本経済新聞出版

気候安全保障の論理

気候変動の地政学リスク

まえがき

本書が論じる「気候安全保障」とは、気候変動が遠因となって起きる紛争や暴動から国や社会を守ることである。気候変動がもたらす異常気象、自然災害、海面上昇などの環境変化、あるいは脱炭素、エネルギー転換、気候工学などの対策は、複雑な因果のプロセスを経て、ときに反政府暴動、民族紛争、内戦、さらには国家間の衝突につながりうる。特に、農業への依存度が高い国、低開発の国、ガバナンス能力の低い国などは気候変動の影響に対して脆弱であるため、これを遠因とする紛争や暴動のリスクもその分高くなる（Sekiyama, 2022a)。

日本は、気候変動の影響に対する適応力が比較的高く、また、激しい民族対立などの紛争の温床も国内にないため、気候変動が日本国内で内戦や大規模な反政府暴動を招く事態は想像しにくい。しかし日本も、①周辺海域における領有権や排他的経済水域をめぐる対立激化、②アジア太平洋諸国からの気候移民の増加、③アジア各国を中心としたサプライチェーンや現地市場の損壊による経済低迷などによって、近隣諸国との衝突や国内治安の悪化といった事態にさらされる可能性は十分ある（Sekiyama, 2022b)。

こうした気候安全保障リスクは、気候変動の影響とともに今後顕在化してくるものだ。また、気候変動による紛争や暴動のリスクには議論の余地があり、不透明なところもある。仮にそれが現実味を帯びてくるとしても、今日明日のことではない。

しかし残念ながら、気候変動は現実のものとなりつつある。気候変動に関する最新の科学的知見をまとめたＩＰＣＣ（気候変動に関する政府間パネル）第６次評価報告書によれば、世界平均気温は19世紀後半と比べて既に１・１℃ほど上昇しており、年間降水量の増加や平均海面水位の上昇も加速している。近年、世界中で深刻化している干魃、猛暑、豪雨などの異常気象も、気候変動との関係が指摘されている（IPCC, 2021）。

気候変動の影響は今後さらに顕在化してくる。世界は今、２０５０年のカーボンニュートラル達成に向けて努力を始めているが、仮にこれが達成されても、今世紀中頃（２０４１〜２０６０年）の世界平均気温は19世紀後半と比べて１・２℃から２・０℃上昇するという。カーボンニュートラルが達成できず、今世紀半ばまで現状の水準で温室効果ガスの増加が続く場合には、世界平均気温は１・６℃から２・５℃上昇する見通しだ（ibid）。

世界平均気温がたった２℃上昇しただけで、気候変動前の19世紀後半には50年に１回の頻度でしか発生しなかったような異常な熱波の発生確率が13・９倍になるという。同様に、19世紀には10年に１度の頻度でしか起こらなかったような深刻な干魃も、平均気温が２℃上昇した世界では２・４倍発生しやすくなる（ibid）。

気候安全保障リスクは、こうした気候変動の影響とともに現実味を増してくる。それは今日明日のことではないが、気候変動は「脅威の乗数」として増幅的に社会の平和と安定を脅かしかねず、また、いったん歯車が動き出せば不可逆的かもしれない。環境政策の基本原則である予防原則（precautionary principle）に鑑みれば、気候安全保障リスクの存在を今から意識し、回避の策を先んじて講じておくことは、それほど馬鹿げたことではない。

実際、気候変動に伴う異常気象や自然災害がもたらす紛争や暴動の脅威には、環境保護主義者のみならず、世界の安全保障専門家も注目している。例えば国連安全保障理事会では、２００７年以来、気候変動、資源・エネルギー・水の枯渇、生態系変化などの問題が安全保障に与える影響について議論を重ねてきている。またＥＵも、その共通外交・安全保障政策にかかる文書のなかで、気候変動、自然災害、環境の劣化は、コミュニティの回復力や生命がよって立つ生態系に広範囲な影響を及ぼし、世界中で多くの紛争を招いているとの認識を示している。

政府機関のみならず、カナダのトロント大学、米国のスタンフォード大学、ノルウェーのオスロ国際平和研究所、スウェーデンのストックホルム国際平和研究所、シンガポールの南洋理工大学など、多くの機関が気候安全保障の研究を積極的に進めてきた。

この点、日本では、２０２０年代になるまで、ごく限られた例外を除いては、気候安全保障という概念が語られることはほとんどなかった。例えば『防衛白書』が気候変動による安全保障や防衛への影響を初めて取り上げたのは、２０２１年になってのことである。それ以前は１９７０年度から２０２０年度までの『防衛白書』の索引を調べてみても、環境安全保障や気候安全保障という語は見当たらない。

しかし気候安全保障は、本書で論じるとおり、日本が無視してよいほど重要度の低い問題ではない。世界のどの地域も何らかの気候安全保障上のリスクに、それも複合的なリスクに、今後直面する可能性がある。だからこそ欧米各国は、気候安全保障に関する研究と議論を進めてきた。日本は、そうした世界的な議論の流れに乗り遅れてきたのだ。

では、気候変動が紛争を引き起こすとすれば、どのような因果のプロセスなのであろうか？　気候変動が紛争に結びつくかどうかを左右する特定の条件があるのだろうか？　気候変動が引き起こす紛争とは、どのような事例なのだろうか？　気候変動は、今後数十年内に、どのようなリスクを日本に与える可能性があるのだろうか？

本書は、こうした問いに答えるべく、気候安全保障研究が興隆した２００７年以降に国際的な学術誌に掲載された論文を主として参照しつつ、気候安全保障に関する既存の知見をできうる限りまとめたものである。

まず第Ⅰ章では、気候安全保障の議論が生まれた経緯を振り返り、概念の定義を確認する。続く第Ⅱ章から第Ⅴ章では、気候変動が紛争に至る経路や、それを構成する様々な要因や条件を紹介していく。第Ⅵ章では、脱炭素、エネルギー転換、グリーン産業政策、気候工学などといった気候変動対策がもたらしうる地政学的な変化について考えてみたい。最後に、第Ⅶ章では、気候変動と紛争を結びうる様々な要因や条件を踏まえて、日本を含むアジア太平洋地域が今後直面しうる気候安全保障リスクを検討する。

目次

III　気候変動と紛争を結ぶ経路

IV　気候安全保障リスクと社会の脆弱性

VII アジア太平洋地域の気候安全保障リスク

I

気候安全保障論の背景

まえがきの冒頭で「本書が論じる気候安全保障とは、気候変動が遠因となって起きる紛争や暴動から国や社会を守ること」と述べた。しかし「気候安全保障」の含意は、論者によってかなり幅広いものがある。

読者のなかには、なぜ気候変動のような環境問題と安全保障の問題が結びつくのか疑問に感じる方がおられると思う。また、そもそも安全保障という概念に馴染みがない読者も少なくないだろう。逆に、安全保障に通じている方であれば、日本でも従来活発に議論されてきた「総合安全保障」や「人間の安全保障」と「気候安全保障」がどう違うのかと思われるかもしれない。

そこで本章は、気候変動と安全保障を結びつける議論が主に冷戦後に発展してきた経緯を簡単に振り返ったうえで、日本における２０２０年頃までの議論の展開を紹介しよう。最後に、本書で扱う気候安全保障の定義について確認し、次章以降の議論につなげたい。

1　気候安全保障論の始まり

そもそも安全保障や軍事は、古来環境と深い関係にあるものだ。軍事行動は、海、川、森、林といった地形のみならず、雨、嵐、寒波といった気象や気候から大きな影響を受ける。したがって、こうした環境条件を考慮に入れることは、『三国志』のハイライト「赤壁の戦い」の故事などにも見られるとおり、古くから軍事作戦の基本の一つであった。

また、多くの国の軍隊は、その作戦中に戦術的な目的で自然環境を変化させたり破壊したりもしてきた。現代の顕著な例としては、ベトナム戦争における枯葉剤の広範な使用、湾岸戦争中における油井への放火が挙げられる。ほかにも、化学兵器、生物兵器、核兵器など、環境に著しい負荷を与える兵器は数多くある。しかし、こうした問題は、環境と安全保障の関係を考えるうえでは、一部分を切り取ったにすぎない。

(1) 時代とともに移り変わる安全保障論

安全保障とは多義的な概念である。現代では、国家安全保障、食料安全保障、エネルギー安全保障、人間の安全保障、情報セキュリティなど、様々な安全保障概念が語られる。それらを一般化して言えば、「何か」(客体)を「何か」(脅威)から守ることである。他者からの暴力、外国からの攻撃、食料・資源・エネルギーの不足、秘密の暴露、疫病の蔓延など、我々の社会には多くの脅威が存在する。国家を軍事的脅威から守る、人間を飢餓や貧困から守る、生態系を人間由来の汚染から守る、そのいずれもときとして「安全保障」という概念で語られる。

国際関係における安全保障の含意は、国際情勢の変化とともに変遷してきた。冷戦中の安全保障は軍事的文脈に集中して狭く捉えられたが、冷戦が終わりを迎えて米ソ両陣営間の軍事衝突や核戦争の恐れが遠のくと、その後の脅威はどこから発生するのかが様々に議論された。誰が、何を、何から、どうやって守る必要があるのか、安全保障の再定義が盛んに行われたのである(e.g. Buzan, 1991)。

特に、冷戦後は脅威の源泉について、伝統的な軍事上の脅威から非伝統的な脅威へと関心が広がった。非伝統的安全保障の論者が焦点を当てるのは、環境問題、資源不足、感染症、自然災害、非合法移民、飢餓、人身売買、麻薬取引といった非軍事的で越境的な脅威が引き起こす社会的・政治的な不安定である（Caballero-Anthony, 2016)。したがって、非伝統的安全保障の議論では、その守るべき客体は必ずしも国家のみに限られず、個々人あるいは集団の生存と尊厳も守るべき客体として含まれる。

何を守るのかについて、冷戦期には専ら国家（とその国民）が安全保障の対象として注目されたが、冷戦後は、とりわけ一人ひとりの人間に焦点が当たることとなった。「人間の安全保障」である。人間の安全保障とは、「貧困と絶望のない、自由と尊厳のなかで生きる人々の権利」と定義される(UN, 2012)。

相互依存が深まる今日の世界においては、環境破壊、自然災害、貧困、感染症、テロ、経済金融危機といった問題が、国境を越えて人々の生存、生活、尊厳に深刻な影響を及ぼしうる。こうした広範かつ深刻な脅威から個々人を守るべきだという考えが、人間の安全保障である。

⑵ 初期の環境安全保障論

環境問題と安全保障を結びつける議論も、こうした冷戦後の安全保障再定義の流れのなかから出てきたものだ。まず１９８０年代末から90年代にかけて、環境の変化がどのように個人、国家、国際社会の安全を脅かすのかが精力的に研究された（e.g. Deudney and Matthew, 1999; Myers, 1989, 1993; Ohlsson, 1999; Renner, 1989)。なかでもトロント大学教授のホーマー・ディクソン（Homer-

Dixon）らトロント・グループとスイス平和財団所長ギュンター・ベヒラー（Günther Baechler）らベルン・チューリッヒ・グループが、初期の環境安全保障研究を牽引した先駆者である。

ホーマー・ディクソンらトロント大学の研究チームによる「人口、環境、安全」および「環境変化と安全」の両プロジェクトは、土壌劣化、森林破壊、淡水不足などの環境変化が紛争を招く因果関係に焦点を当てた代表的な研究である（Homer-Dixon, 1991, 1994, 1998, 1999; Homer-Dixon and Blitt, 1998）。彼らは、環境変化と資源不足が暴力を引き起こすことがあるのか、もしあるならどういう因果のプロセスなのか、という問いに取り組んだ。

ホーマー・ディクソンらは、環境変化が紛争を引き起こすなら資源不足が引き金になると考え、資源不足が生じるシナリオを以下の3つに分類した（Homer-Dixon, 1998）。

- 「需要起因型」（demand-induced）：需要増加の結果として起こる資源不足（例えば人口増加など）
- 「供給起因型」（supply-induced）：供給減少の結果として起こる資源不足（例えば農地荒廃など）
- 「構造型」（structural）：資源の不平等な配分の結果として、「持たざる者」が直面する資源不足

しかも、これら資源不足のシナリオは、それぞれ独立に生じるだけでなく、複合的に同時発生す

るとも考えた。例えば、人口増加などによってある資源が不足する場合（需要起因型）、その資源の価値は高まる。そうなると、力のある者がその資源を囲い込み、他の多くの者は、その資源をさらに手に入れにくくなる（構造型）。あるいは、干魃などによって肥沃な土地が不足する場合（供給起因型）、追いやられた人々は豊かな土地を求めて他の地域に移動することになる。こうした他地域への人口流入は、その土地の人口増加となって新たな資源不足（需要起因型）を招くこともありうる（Homer-Dixon and Blitt, 1998）。

こうした環境変化による資源不足の発生可能性を前提に、ホーマー・ディクソンらは、環境変化と紛争の因果関係について、以下の3つの仮説を立てた。

- 「資源不足型」対立（simple-scarcity）：利用可能な資源（例えば水や農地）の不足が直接的に対立を引き起こす
- 「集団アイデンティティ型」対立（group identity）：環境変化・資源不足に起因する大規模な人の移動が対立を生じさせる
- 「損失型」対立（deprivation）：深刻な環境変化・資源不足は、経済損失を増大させると同時に、主要な社会制度（最も重要なのは国家制度）を混乱させ、対立を招く

この仮説を検証したのが、前出のベヒラーである。ベヒラーらの国際研究チームは、ホーマー・ディクソンらの仮説を40件の事例調査にもとづき検証し、以下の結論を導いた（Baechler, 1998）。

①「資源不足型」対立の仮説については、実証的な証拠が乏しい
②「集団アイデンティティ型」対立は存在する
③「損失型」対立も存在するが、必ずしも暴力的な紛争に至るとは限らない
④紛争との因果関係においては、環境的要因よりも政治的要因の方がより重要である
⑤環境紛争は、「政治的妥協が望ましいと見なされ、かつ、技術的解決策が実行可能である」場合には、協力を促進することが多い

つまりベヒラーの調査結果が意味するところは、環境変化と資源不足は、それ単体で必然的または決定論的に社会的混乱や暴力的紛争に発展するわけではないということであった。なぜなら環境変化と資源不足は、非常に複雑な生態政治システムのなかで、その社会に固有の政治的、経済的、社会的要因と相互作用することで、はじめて紛争に結びつくと考えられるからだ（Homer-Dixon, 1999）。環境変化と資源不足の因果的役割は、そうした各文脈から切り離して考えることはできないというのが、１９９０年代の環境安全保障研究の出した一つの結論だった。

こうした初期の環境安全保障論の成果は、次章以降で述べるとおり、今に至る気候安全保障論の議論にも色濃く引き継がれている。

(3) 気候安全保障論の登場

ホーマー・ディクソンやベヒラーらを中心とした環境安全保障研究は、2000年代に入って一時期下火となった。2001年の米国同時多発テロ以降、安全保障の研究者や実務家の関心がテロとの戦いへと傾倒したことが、その一因のようだ。

環境安全保障に関する議論が、特に気候変動の影響に特化する形で再び多くの関心を呼ぶようになったのは、2007年頃のことである。なぜ2007年なのか。実は2007年は、気候変動問題に従来以上の注目が集まることになった一つの節目の年である。

この年の2月、気候変動に関する最新の科学的知見をまとめる政府間パネルIPCCが、その第4次評価報告書に「気候システムの温暖化には疑う余地がない」と初めて明記し、世界の注目を集めた。同報告書は、猛暑、熱波、大雨などの極端現象が今後ますます頻度を増す可能性や、台風やハリケーンが将来激甚化する可能性が大きいことを指摘し、気候変動への危機感を高めるものとなった。

さらに10月、このIPCCとゴア元米国副大統領がノーベル平和賞を受賞したことで、気候変動に対する世界の関心はさらに高まる結果となった。受賞理由は、人為的に起こる気候変動についての科学的知見を蓄積、普及するとともに、気候変動へ対処するための基盤を築いたことである。

気候変動を安全保障と結びつける議論も、こうした世間の流れと軌を一つにして出てきた。国連安全保障理事会で気候変動の影響が初めて議論されたのも、2007年である。安保理が同年4月に開いた「エネルギー、安全保障、気候」と題する公開討論には、スロバキア、イタリア、ドイツ、オランダ及びモルディブの閣僚級や潘基文国連事務総長が出席し、日本を含む50以上の代表団が気候変動と安全保障の関係を議論した（UN, 2007）。

国際社会における気候安全保障の議論をいち早くリードし始めたのは英国である。２００７年の安保理公開討論も、安保理議長国であった英国の強い要請によるものであり、ベケット英国外相が議長を務めた。

英国は、この前年から既に気候変動を安全保障上の問題として取り上げる姿勢を見せていた。例えば、２００６年９月の国連総会および同年10月に開催されたＧ20でベケット英国外相は、「Climate Security」という言葉を用いて、気候変動問題に対する国際社会の迅速な対応を強く要請していたのだ。

気候変動の脅威に関する当時の英国の認識を示すのが、世界銀行元チーフ・エコノミストのニコラス・スターン博士が取りまとめ、英国の首相と財務相に報告された「気候変動の経済学」（スターン・レビュー）である。２００６年10月に発表されたこの報告書は、気候変動問題の経済的分析結果として、気候変動が社会に及ぼす影響の規模を「二度の世界大戦や20世紀前半の世界経済恐慌に匹敵するもの」と指摘し、警鐘を鳴らした（環境省、２００７ａ）。

こうして気候安全保障の議論は、２００７年以降、盛り上がりを見せることになった。国連安保理は、２００７年以降も、気候変動などの環境問題が安全保障に与える影響について議論を重ねてきている（UN, 2021）。またＥＵも、早くも２００８年に、欧州委員会が気候変動に関する報告書を欧州議会に提出している。より近年では、ＥＵ共通外交・安全保障政策にかかる文書でも、気候変動が世界中の多くの紛争の遠因だとの認識を示している（EU, 2017）。

米国は、２００７年当時のジョージ・Ｗ・ブッシュ共和党政権下では気候変動問題に後ろ向きであったが、民主党オバマ大統領下の２０１０年には、国防政策見直し（ＱＤＲ）で気候変動の脅威を取り上げた（U.S. Department of Defense, 2010）。

こうした政策面での議論の盛り上がりを背景に、学術界でも２００７年を境に気候安全保障を扱う論文が飛躍的に増え始めた。なかでも２００７年に『米国科学アカデミー紀要』（ＰＮＡＳ）が掲載した論文「近代人類史における地球規模の気候変動、戦争、人口減少」（Zhang et al., 2007）は、その後の気候安全保障研究の発展を大いに刺激するものであった。

この論文は、古気候データを用いた定量分析にもとづき、過去6世紀の世界的かつ同期的な戦争と平和、人口、物価のサイクルが主に長期的な気候変動のサイクルによってもたらされたものであると結論して、賛否の議論を巻き起こしたのだ。

図１－１は、学術論文データベースの Web of Science において、climate & security のキーワード検索によってヒットした論文数を発表年別にグラフ化したものである。内容による選別は行っていないため、必ずしも気候安全保障とは関係がない論文も含まれている可能性はあるが、論文発表数の大まかな傾向はつかむことができよう。

１９９０年代は年に10本ほどしかヒットせず、２０００年代に入ってからも年間発表論文数はせいぜい数十件であった。図１－１を見ると、この時期のグラフはほとんどゼロに近いところに張り

図1-1　Web of Scienceに収録された気候安全保障関連論文数の推移

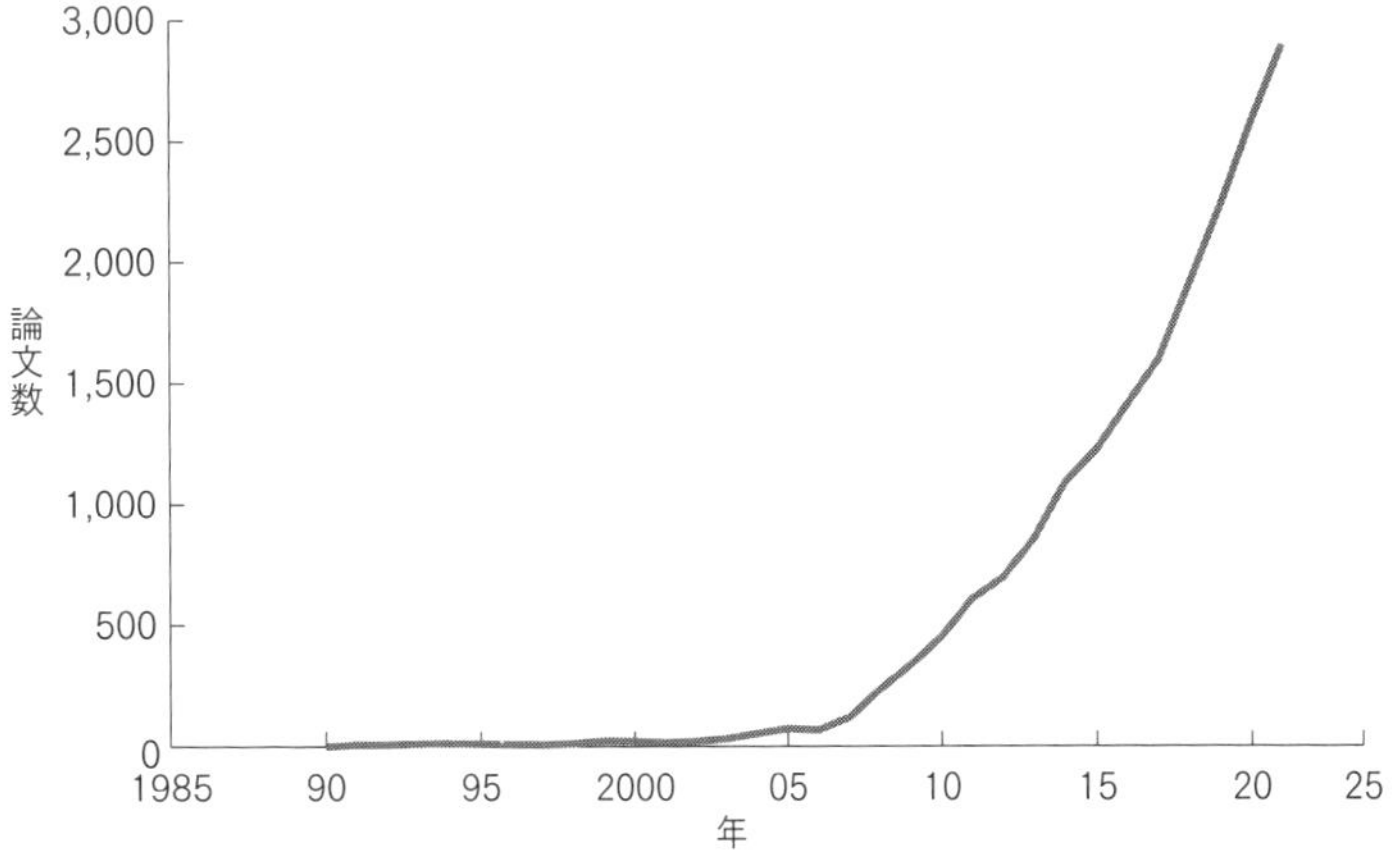

出所）Web of Scienceより筆者作成
注）Web of Scienceで1990年から2021年を対象に「climate」&「security」のキーワード検索で検出された論文数。内容による選別は行っていない

付いている。このことからも、当時の論文発表数が低調であったことが見て取れるだろう。

グラフに明らかな変化が表れるのは、２００７年あたりである。この年、Web of Science 上で climate & security のキーワード検索にヒットする年間論文数は初めて３桁を超え、１１９本がヒットした。以後、ヒットする年間論文数は急速に増加し、２０１４年に１０００本を超え、２０１９年には２０００本を超えるに至った。

より厳密な統計分析にもとづく研究でも、気候安全保障に関する学術論文は２００７年を境に急増したことが確認されている（Sharifi, 2020）。加えて同論文では、第21回国連気候変動枠組条約締約国会議（ＣＯＰ21）がパリ協定を採択した２０１５年を境にさらに論文数の増加ペースが拡大したと指摘している。

たしかに図１－１でも、２０１５年以降は

グラフが一段と急勾配になっている（つまり、1年あたりの発表論文数が一段と増えている）ことが見て取れる。学術研究の世界でも2007年以来の十数年の間に急速に気候安全保障の議論が盛んになってきたことが、お分かりいただけるだろう。

2　日本の気候安全保障論

(1) 世界の先陣を切った日本

日本も、当初は世界の流れに遅れることなく、気候安全保障の議論を始めていた。中央環境審議会の地球環境部会・気候変動に関する国際戦略専門委員会は、早くも2007年2月に気候安全保障の議論を開始し、5月には「気候安全保障（Climate Security）に関する報告」をとりまとめていたのである（環境省、2007b）。これは、前述のとおり国連安保理で気候変動の問題が初めて議論されたのと同じ時期であり、国際的に見て決して遅い動きではなかった。

しかし日本では、その後、気候安全保障に関する政策議論は続かなかった。例えば、2007年度から2019年度までの『環境白書』を見ても、環境安全保障ないし気候安全保障という語は見当たらない。同様に『防衛白書』について1970年度から2019年度までの語句検索を調べてみても、環境安全保障や気候安全保障は載っていない。

こうした政策的な関心の低さを反映してか、日本では学術界でも気候安全保障への注目度は高くない状況が続いていた。国立情報学研究所の論文索引データベース CiNii Articles で「気候安全保障」のキーワード検索をしたところ、検出された論文等は２００１年から２０２１年の20年間の合計でわずか17件であった。近似概念である「人間の安全保障」の検索結果が１２２２件に上ることと比較すると、気候安全保障に対する日本国内の関心の低さが際立つ。

(2) 「総合安全保障」と「人間の安全保障」に見る日本の気候安全保障論

しかし日本でも、環境変化や気候変動と安全保障の関係に関する議論の蓄積はある。この点、「総合安全保障」と「人間の安全保障」をめぐる議論は、日本の気候安全保障論の源流と呼びうるかもしれない。むしろ、国際紛争を解決する手段として戦争と武力による威嚇やその行使を放棄している日本では、エネルギー問題や環境問題のような非軍事的脅威に焦点を当てた安全保障論に積極的に取り組んできたとすら言える。

「総合安全保障」は、大平正芳総理大臣の委嘱を受けた研究グループが１９８０年に取りまとめた報告書で打ち出された概念である。軍事的脅威のみならず、エネルギー危機、食料不足、自然災害などを含む様々な脅威から国民生活を守るという考え方だ。これを実現する手段としても、当然ながら軍事的手段のみならず、国際協力や信頼醸成、政治理念や利益を同じくする国々との連携のほか、自由貿易体制の維持、備蓄や自給力の維持向上を通じた自助努力といった非軍事的手段の重要性が強調された（内閣官房、１９８０）。

急逝した大平総理を継いだ鈴木善幸内閣が１９８０年12月に総合安全保障関係閣僚会議を設置し

て以後、この「総合安全保障」という概念は、長らく日本の安全保障政策の基本方針として機能した（なお、同関係閣僚会議は2004年9月に廃止された）。

大平グループが報告書を取りまとめた当時、気候変動問題は国際的に認識されていなかったが、「総合安全保障」の議論には現在の気候安全保障論に通じる理念を見出しうる。なぜなら、総合安全保障は、食料危機、エネルギー危機、さらには自然災害を安全保障上の脅威と捉え、軍事的手段のみならず非軍事的手段を組み合わせて、その危機管理にあたる必要性を説いたものだったからである。前出の中央環境審議会による報告書も、「日本の総合安全保障の考え方は、気候変動のもたらす脅威をその対象に包摂しうるものである」と評価している。

一方、「人間の安全保障」は、前述したとおり、環境破壊、自然災害、貧困、感染症、テロ、経済金融危機などといった人間の生存、生活、尊厳に対する様々な脅威から一人ひとりを守るべきだという考えである。日本は、人間の安全保障を外交の重要な柱と位置づけ、その推進のために様々な取り組みを行ってきた。

国連開発計画（UNDP）が1994年の「人間開発報告書」で人間の安全保障を打ち出すと、これを日本政府は好意的に受け止めた。特に小渕恵三は、人間の安全保障の考えを強く支持し、外務大臣であった1998年5月に、シンガポールでの演説で、これを日本外交に取り込むことを初めて公式に表明した。その後、総理に就任した小渕は、その任期中2回（1999年、2000年）の施政方針演説でも人間の安全保障の重要性を強調している。

こうして日本政府は、1990年代後半から、「人間の安全保障」実現のため国際社会に対して積極的な働きかけを行ってきた。特に、「人間の安全保障」に関する国際的な指針づくりと概念普及は、日本の貢献である。２００１年にアナン国連事務総長が来日した際、当時の森喜朗総理が「人間の安全保障委員会」の創設を提案し、共同議長に国連難民高等弁務官だった緒方貞子とノーベル経済学賞受賞者でケンブリッジ大学トリニティ・カレッジ学長のアマルティア・センが就任した。

この委員会は、２年の議論を重ねて人間の安全保障の概念構築と指針作成に取り組み、２００３年２月に日本へ、同５月に国連へそれぞれ報告書を提出した。その後も日本は、２００６年に人間の安全保障フレンズ会合を立ち上げるなど概念普及に努め、２０１０年には人間の安全保障に関する初の国連総会決議の採択に貢献するなどしてきた（外務省、２０２２）。

また日本政府は、支援を通じて人間の安全保障を実践してきた。１９９８年12月、小渕総理がハノイにおける政策演説のなかで「人間の安全保障基金」の設立を提起し、これを受けて日本政府が１９９９年３月に約５億円を拠出して国連に基金が設置された。その後も日本政府は、同基金に対して２０１９年度までに累計約４７８億円を拠出し、99カ国・地域で合計２５７の案件を支援してきている（ibid）。途上国支援の政策方針を定めた「開発協力大綱」（２０１５年２月閣議決定）でも、「人間の安全保障の考え方は、我が国の開発協力の根本にある指導理念」と位置づけられた。その重要性は改定後の大綱でも変わらない。

(3) 日本における気候安全保障論の再始動

このように日本でも、気候変動のような非軍事的脅威がもたらす安全保障上の問題について議論や対応をしてこなかったわけではない。一方で、気候安全保障という概念が国際社会に比べて最近まで日本で馴染みが薄かったことも事実である。

日本において、気候安全保障という言葉がしばしば聞かれるようになったのは、２０２１年頃からだ。２０２１年4月には日本経済新聞と朝日新聞が相次いで気候安全保障をテーマにしたコラム記事を掲載した。両紙ではその後も度々このテーマを扱うコラムや連載寄稿が掲載されている。全国紙が気候安全保障を取り上げたことで、より多くの人がこの言葉を知ることになったことだろう。

防衛省も、２０２１年5月に省内で「気候変動タスクフォース」を新たに立ち上げた。同年8月末に発行した令和3年度版『防衛白書』では、「気候変動が安全保障環境や軍に与える影響」に一節を割き、同白書として初めて気候安全保障に言及している。

もちろん、２００7年から２０２１年の間に、日本でまったく気候安全保障の議論がなされていなかったわけではない。例えば２０１7年1月には、外務省が「気候変動と脆弱性の国際安全保障への影響」に関する円卓セミナーを開催している。また、２０２０年10月には、国立環境研究所の亀山康子・社会環境システム研究センター長と防衛研究所の小野圭司・特別研究官が、日本における気候安全保障論についてまとめた共著論文を国際学術誌に発表するとともに、「気候安全保障とはなにか」と題して記者発表を行った。こうした動きも、日本で再びこのトピックに関心が集まるきっかけとなったであろう。

また、2020年にはパリ協定の運用が開始され、翌2021年は米国がバイデン大統領の就任によって気候変動を外交安全保障の中心課題に据えるという国際的な動きがあった。加えて、国際財務報告基準を作成するIFRS財団が、企業による気候変動リスクの情報開示基準を作成する動きを2021年に始めたことも、日本で従来以上に気候変動問題への関心が高まった重要な背景の一つと言えよう。こうした一連の出来事が、2021年というタイミングに日本でも、気候変動のリスクについて官民の関心をにわかに高めることになったと思われる。

3　気候安全保障の定義

本章の最後に、ここまで紹介してきた気候安全保障論の発展経緯を踏まえて、その定義を整理しておこう。

(1)　気候安全保障と近接概念

気候安全保障と言っても、何を脅威ととらえ、何を脅威から守るべき客体として着目するかは、論者や場面によって実に多義的に用いられてきた。気候変動そのもの、あるいはそれに付随する異常気象や自然災害そのものを脅威と捉える論がある一方、そうした気候変動を遠因として発生する紛争や暴動を脅威として捉える論もある。

図1-2　広義の気候安全保障と近接概念

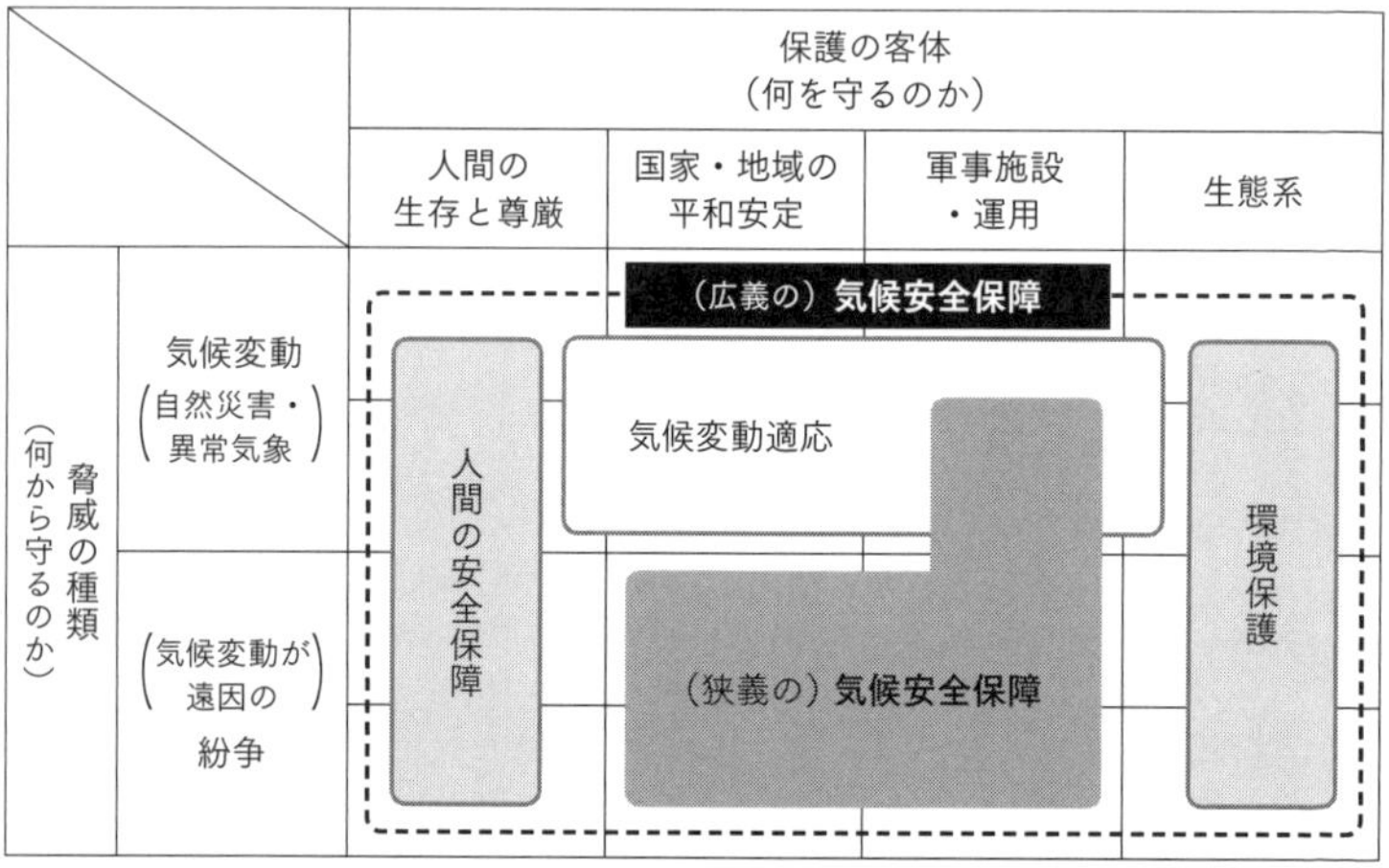

出所）Sekiyama（2020）およびKameyama and Ono（2021）を参考に筆者作成

また、何を守る議論なのかという点では、気候安全保障の客体として、個々人に着目するもの、国家や集団コミュニティに注目するもの、あるいは人間も含めた生態系全体を対象に含むものまである。そのほか、気候変動が軍事施設や軍の運用に与える影響に注目した議論もある。図1－2は、こうした広義の気候安全保障と近接概念との関係を図示したものである。

気候安全保障論のうち、その守るべき客体として個々の人間に焦点を当てた議論は「人間の安全保障論」と重なるものだ。この類の議論は、軍事的領域における国家中心的な伝統的安全保障の概念を否定し、代わりに個人やコミュニティの健康と幸福に関心を寄せる。すなわち、環境の変化によって生じる感染症、災害、食料危機、生活不安などが人々にもたらすリスクに焦点を当てるものだ。そうしたリスクについては、あえて気候安全保障というラベルが張られていなくとも、上述のとおり日本も豊富な議論と政策対応を重ねてきた。

一方、気候変動が生態系に与える悪影響を脅威と捉える類の気候安全保障論においては、その守るべき客体は生態系全体とされ、人間はその一部として包含される（Swatuk, 2014）。しかし、生態系全体を客体とする論はその対象があまりに広く、一般的な環境保護論との違いが見出しにくい。

これらの議論とは別に、特に国際社会において政策的にも学術的にも精力的に議論されてきたのが、気候変動と紛争との関係である。すなわち、気候変動を遠因として発生する紛争や暴動を脅威の内容とし、その脅威から守るべき客体を国家や集団コミュニティと捉える気候安全保障論だ。本書が扱うのも、この定義にもとづく気候安全保障の議論である。

(2) 各種の紛争

なお、ここまで「紛争」という言葉を特に定義することなく用いてきたが、その意味を確認しておくことも重要であろう。一口に紛争といっても、国家間の戦争、一国内の内戦、集団間の争い、個人間の暴力事件など、その規模や範囲は大小様々あるからだ。

この点、紛争研究で広く使われてきた定義は、スウェーデンのウプサラ大学紛争データプログラム（ＵＣＤＰ）による定義である。同プログラムでは、国家間の武力衝突はもちろん、国家による民間人への一方的武力行使、さらには紛争当事者のいずれも国家ではない民族紛争や民間抗争のうち、年間25人以上が死亡するものを紛争と見なしている。

ＵＣＤＰは、こうした定義にもとづき、１９４６年から近年までに起きた紛争や組織的暴力についてデータを収集公表しており、世界中で調査研究に利用されている。気候安全保障に関する既存研究でも、この定義やデータベースが利用されることが少なくない。しかし、この定義では年間死者が25人に満たない小規模な紛争や死者を伴わない暴動を見落とすことになる点には、注意が必要である。

なお、気候変動と紛争との関係を統計的に明らかにすることを目指した初期の研究は、ほとんどが大規模な内戦や国家を単位とした紛争のリスクに焦点を当てていた。これは当時、そうした国家単位のものでしか紛争や気候のデータが入手しづらかったことが主な理由である。

その後２０１０年頃から、より幅広い規模や範囲に関する紛争データが相次いで利用可能となったことで、共同体間の小規模な争いや死者を伴わない騒乱あるいは国境をまたいだ地域の紛争などと気候との関係を調べる研究も増えてきた。Social Conflict in Africa Dataset（ＳＣＡＤ）（Salehyan et al., 2012）、Armed Conflict Location and Event Data Project（ＡＣＬＥＤ）（Raleigh, Linke, Hegre, and Karlsen, 2010）、Uppsala Conflict Data Program（ＵＣＤＰ）Non-State Conflict Dataset（Sundberg, Eck, and Kreutz, 2012）などは、そうした多様な紛争データベースの代表例である。

まえがきで宣言したとおり本書では、別段の説明をしない限り「気候安全保障」を「気候変動が遠因となって起きる紛争や暴動から国や社会を守ること」であると定義したうえで、国家間の（必ずしも武力衝突の有無を問わない）対立、一国内の内戦、民族集団間の争いなどを広く含めて論じていく。

II

気候変動と紛争との相関

紛争は、多くの要因が個別事例ごとに異なるメカニズムで複雑に相互作用して発生するものである。気候変動やそれに伴う現象が紛争要因の一つになりうるとしても、その影響だけを取り出して紛争との相関の有無を確かめることは簡単ではない。しかし、数多くの集団や時期を比較してみて、異常気象や自然災害の影響を受けた集団や時期の方が明らかに紛争を経験する頻度が高いようなら、気候と紛争との間に相関があると考えることはできる。２００７年以降、そのような統計的手法による定量分析で、気温、降雨、干魃などと紛争との相関関係を推定しようとする研究が多く行われてきた。

本章では、そうした気候変動と紛争との相関関係に関する定量分析から得られた示唆を中心に紹介していきたい。まず、古代メソポタミア、エジプト、マヤ文明、中国諸王朝などを対象に数百年から数千年という長期における気候の変化と紛争との関係を分析した研究を見てみよう。その後、多くの気候安全保障研究が対象とする20世紀後半以来の数十年を対象とした研究を中心に論を進めることにしたい。

1　歴史に見る気候と国家盛衰の相関

世界史を振り返ると、気候の変化が紛争の発生や国の崩壊を招いたと見られる事例は少なくない。気候安全保障の研究でも、古気候学や考古学の成果にもとづき、数百年から数千年にわたる気候の変化と紛争や国家盛衰との相関を定量的に分析したものがある。

こうした長期のデータを用いた研究は、数十年あるいは数百年に一度の低頻度でしか起きないような激しい気候変化が人類社会に与える影響を知るのに有用である。もちろん、古代と現代の社会では、気候の変化への対応力を左右する技術、インフラ、社会制度などが大きく異なることから、歴史の教訓を単純に現代社会に当てはめることはできない。しかし、これから人類が直面する気候変動は、数百年に一度あるいはそれ以上の低頻度でしか起きなかったような激甚な影響を人間社会に与えるかもしれないと考えると、千年単位の長期で見た気候の変化から得られる示唆は貴重である。

そこで本節では、数百年から数千年の長期データにもとづき気候の変化と紛争や国家盛衰との関係を分析した研究の成果をいくつか見てみることにしよう。

(1) 古代メソポタミアとエジプト古王朝

約4200年前、中東から北アフリカに栄えた文明や国家を急激な乾燥化が襲った。多くの場所から得られた気候データの示唆するところでは、この時期、地中海偏西風とモンスーンに変化が生じて、降水量が最大30%も減少したようである。この気候変化の原因は不明であるが、その影響で西はエーゲ海から東はインダス川に至る広大な範囲で農業生産が減少し、都市の人口や社会の安定を維持することが困難になったとされる（Harvey and Bradley, 2001）。

古代メソポタミア最初の統一王朝とされるアッカド帝国は、紀元前2350年頃から150年ほどの間ティグリス・ユーフラテス川の源流からペルシャ湾までの地域を支配したが、約4200年前の紀元前２２００年頃に崩壊した。オマーン湾の海底堆積物の分析から古代メソポタミアの気候変化を推定した研究によれば、このアッカド帝国の崩壊も同地を襲った急激な乾燥に起因するものだと考えられるという（Cullen et al., 2000)。

４２００年前の乾燥は、エジプトにも影響したようである。この頃のエジプトでは、やはり乾燥化の影響で農業生産が落ちた結果、中央政府の統制力が低下し、各地の州侯が割拠するようになったようだ。そうして、かつて巨大なピラミッドを建設したファラオの下で長期にわたる安定統治を続けていたエジプト古王朝は崩壊し、そこから１００年以上にわたって戦乱が続くようになったのである（Harvey and Bradley, 2001)。

(2) マヤ文明

メキシコ南東部、グアテマラ、ベリーズなどが位置するユカタン半島に紀元前から栄えたマヤ文明の衰退も、気候の変化との相関が指摘されている。マヤでは西暦１００年頃から２５０年頃にかけて多くの都市が放棄され、いわゆる先古典期のマヤ文明は衰退してしまった。その後、この衰退期を生き残ったティカルやカラクムルなどの大都市を中心に都市国家が発展し、８世紀には古典期マヤの最盛期を迎えたが、９世紀頃になると諸都市が放棄されるようになり、文明は再び衰退した。

南米ベネズエラ沿岸のカリアコ海盆で採取された海底堆積物の分析から、マヤの栄えたユカタン半島の気候変化を推定すると、この先古典期および古典期の都市放棄は、マヤが深刻な乾燥に見舞われた時期と重なるという（Haug et al., 2003)。同様に、マヤ文明の地理的中心にあたるベリーズ南部の洞窟で2000年前から成長を続けている石筍の分析からも、古典期のマヤ文明衰退と乾燥化とが時期的に重なることが確認されている（Kennett et al., 2012)。

これらの研究が示唆するところによれば、マヤ文明は西暦100年頃から1世紀ほどの乾燥期に一度衰退した後、比較的湿潤な約600年の間に都市国家が群雄割拠し、巨大な階段式ピラミッドが築かれるなど繁栄を謳歌した。しかし、その後2世紀にわたって再び長期的な乾燥に見舞われ、ときには数年にわたる渇水が連続的に重なる厳しい気候がマヤの都市を襲った結果、再び衰退したようだ。

(3) 中国歴代王朝

中国でも、歴代王朝の盛衰や諸国間の戦争は気候と関係が深そうである。中国南端の広東省湛江市に、湖光岩という火口湖がある。その湖底堆積物から得られた過去4500年の気候データと中国の歴史を突き合わせると、紀元前2100年頃の夏王朝（二里頭文化）から西暦1644年の明滅亡までほぼすべての王朝が、夏のモンスーンが強く降雨量の多い時期に成立し、逆に夏のモンスーンが弱く降雨量が少ない時期に農作物の不作と飢饉の発生を伴って衰退するという関係が見られるという（Yancheva et al., 2007)。

特に、西暦618年に成立して907年に滅亡したとされる唐の盛衰が、前述した古典期マヤの最盛期および衰退と時期を同じくしていることは興味深い。中国で唐が衰退した際の夏モンスーンの弱体化と、古典期マヤの衰退期にユカタン半島で起きた乾燥化とは、太平洋の大気と海洋の状態変化による関連があるのではないかとも指摘されている（ibid)。

ほかにも、中国は戦争の歴史が詳しく残っていることもあり、それと気候の変化との関係を調べた研究が複数ある。例えば清滅亡（1912年）までの1000年間を対象に気候データと中国の戦争発生件数とを比較した研究は、地球全体の気温変化と中国の戦争発生、収穫量、人口規模、王朝の変遷との間に強い相関を見出している（Zhang et al., 2006)。

この研究によれば、寒冷期の中国では戦争が頻発したり人口が減少したりする傾向が見られ、王朝交代が起きるのも寒冷期であるという。温暖期に豊富な収穫に支えられて増加した人口を寒冷期の収穫減では維持できず、それが圧力となって部族間、地域間、あるいは人民と国家との間の争いが生まれ、ひいては王朝の崩壊につながるのだと考えられる（ibid)。

また、後漢滅亡の西暦220年からアヘン戦争直前の1839年までの期間を対象とした別の研究は、降水量が数十年にわたって減少する乾燥期に、北の遊牧民による漢民族支配地域への侵入が多くなりがちであることを明らかにしている（Bai and Kung, 2011)。

2 異常気象や自然災害と紛争の相関

次に、20世紀後半以降の数十年を分析対象とした研究に話を移そう。既存の気候安全保障研究の大半を占めるそれらの研究において、多くの関心を集めてきたのは気温や降雨の変化が紛争に及ぼす影響であり、ついで干魃の影響が分析されてきた。2007年からの10年あまりに発表された定量的な論文のうち、気温や降雨との相関関係を分析したものは全体の6割ほどを占め、干魃の影響を扱ったものも4割ほどに上った（Pearson and Newman, 2019）。そのほか暴風雨や洪水などの自然災害に注目したものも少なくない。

そこで本節では、以下、気温、降雨、干魃、自然災害について、紛争との相関関係を分析した既存研究の成果を順に紹介しよう。

⑴　気温

①気温上昇と暴力

ＩＰＣＣ第６次評価報告書によれば、世界平均気温は19世紀後半と比べて既に約１・１℃上昇している。世界は今、２０５０年のカーボンニュートラル達成に向けて努力を始めているが、仮にこれが達成されても、今世紀中頃（２０４１〜２０６０年）の世界平均気温は19世紀後半と比べて１・２℃から２・０℃上昇するという。カーボンニュートラルが達成できず、今世紀半ばまで現状の水準で温室効果ガスの増加が続く場合には、世界平均気温は１・６℃から２・５℃上昇する見通しだ（IPCC, 2021）。

気温が高くなると、殺人、暴行、強盗、スポーツでの乱闘など様々な対人暴力の発生にも影響する（Ranson, 2014）。なかには、地球の平均気温が１℃上昇するごとに世界中で殺人が６％増加すると予測する研究もある（Mares and Moffetti, 2016）。さらに気温の変化は、都市での暴動やクーデターなどの政治不安を生じやすくさせるという研究もある（Dell, 2012; Yeeles, 2015）。

なぜ気温が高いと暴力や暴動が増えるのか？　その因果プロセスには諸説あるが、気温や降水量などの天候の変化は、人に不快感などの心理的ないし生理的な影響を及ぼし、暴力を誘発することがあるようだ。この点については、次章でもう少し説明する。

②気温と紛争

世界各地の紛争についても、気温との相関が指摘されている。産業革命以前の時代（1400〜1900年）においても、寒冷期には中国で紛争の頻度が高かったという分析結果を前節で紹介した（Zhang et al., 2006)。冷涼な時期は農業の生産性が下がり、一定の広さの土地で養える人口の数が減少するので、土地と食料をめぐる紛争が増えるのではないかというのが、考えられる背景である。

もし土地の収容力が気温と紛争を結びつける鍵であるならば、熱帯地域では逆に気温の上昇が紛争の発生につながりかねない。ヨーロッパや東アジアの温帯地域では寒い年に農業の生産性が下がるように、熱帯地域では暑すぎる年に農業の生産性が下がるからだ。

例えば、スタンフォード大学のバーク（Burke）らは、2009年に発表した論文で、1981年から2002年にかけてのサハラ以南アフリカについて、気温が1℃上昇すると内戦が当年に4・5％、翌年に0・9％増加するという統計分析の結果を報告した。この分析をもとにバークらは、サハラ以南アフリカでは、このまま温暖化が進めば2030年までに内戦の発生率は54％上昇しうると予測し、大きな注目を集めた（Burke et al., 2009)。

これに対してオスロ国際平和研究所のブハウグ（Buhaug）は、バークらの研究は期間や国のサンプルに偏りがあることや社会的・地政学的な要因に関する考慮を欠いていることを指摘したうえで、自らの分析では気温とアフリカの内戦との間には相関関係が見出されなかったと報告した(Buhaug, 2010)。

このブハウグの批判に応えてバークらも回帰モデルを修正して再分析した結果、やはりサハラ以南アフリカでは気温上昇と紛争発生との間にかつて相関があったとしつつも、その相関関係は２００２年以降見られなくなったと報告した（Burke et al., 2010)。２０００年代に入ってから気温上昇と紛争との間の相関が希薄になった背景としては、国連平和維持活動などの国際協力の進展や、当事国の経済発展および国内統治の改善といった要因があるものと思われる。

③エルニーニョ・南方振動（ENSO）現象と紛争

また、いわゆるエルニーニョ・南方振動（ＥＮＳＯ）現象と紛争発生との関係を分析して、多くの注目を集めた研究もある。ＥＮＳＯは、南太平洋地域で起きる海洋・大気システムの周期的な変化であり、世界中の天候に影響を与える。

南太平洋では、インドネシア付近の西部と南米沖の東部の海面気圧がシーソーのように数年おきの周期で（片方が高いと、もう片方が低くなる）変動をしており、これを大気の南方振動と呼ぶ。この南太平洋の東西で起きる気圧の変動が、この地域で東から西へ吹く貿易風の強弱を左右し、南太平洋の海面水温や海流に影響する（図２－１参照)。

図2-1　エルニーニョ／ラニーニャ現象に伴う太平洋熱帯域の大気と海洋の変動

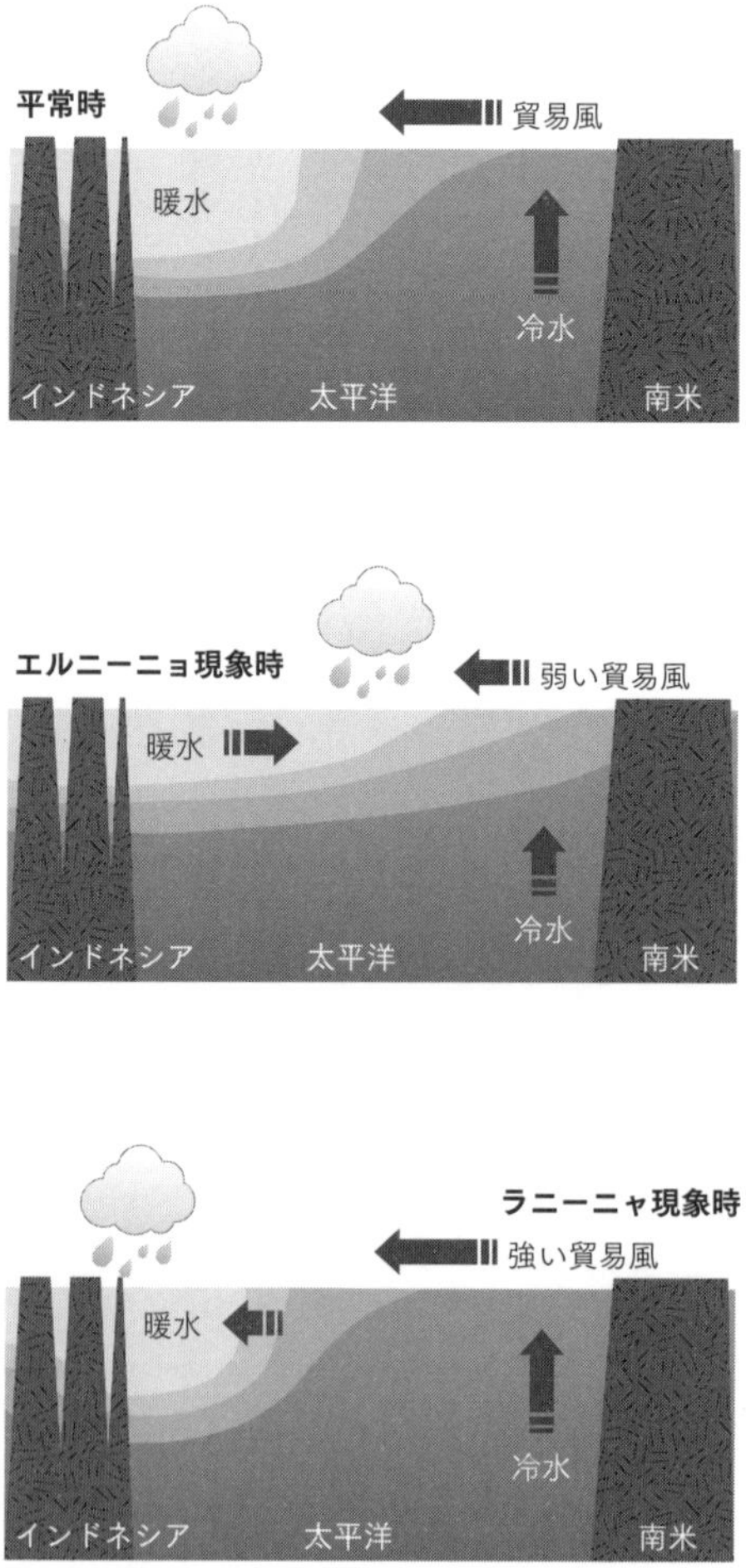

出典）気象庁（2022）

つまり、太平洋東部の気圧が高いときには強い貿易風が吹き、インドネシア付近の暖かい海水を西へ吹き寄せる結果、太平洋中東部の海面水温が平年より下がる（ラニーニャ現象）。一方、太平洋東部の気圧が低いときには逆に貿易風が弱まり、太平洋中東部まで暖かい海水が広がる（エルニーニョ現象）というわけだ。こうした気圧と海水温の変化がドミノ式に低・中・高緯度へと波及して各地の大気の流れを変化させ、通常とは異なる異常気象を引き起こす（気象庁、２０２２）。

カリフォルニア大学バークレー校のシャン（Hsiang）らは、１９５０年から２００４年までのデータをもとに紛争リスクとＥＮＳＯとの関係を調べた結果、気温が涼しく雨の多いラニーニャ相から暑く乾燥したエルニーニョ相に移行するとき、熱帯地域全体で紛争リスクが倍増するという関係を見出した。シャンらは、特に低所得国の方が高所得国よりもＥＮＳＯ変動に対して敏感であるとし、ＥＮＳＯの影響を直接受ける国々では１９５０年以降の内戦の21％にＥＮＳＯが関与している可能性があると述べている（Hsiang et al., 2011）。

(2) 降雨異常・干魃

世界の平均気温がたった２℃上昇するだけで、19世紀には10年に１度の頻度でしか起こらなかったような大雨の発生確率は１・７倍となり、同じく深刻な干魃の発生確率は２・４倍になると予測されている（IPCC, 2021）。

気候安全保障研究では、こうした異常降雨や干魃の深刻化に伴う紛争の可能性も指摘されており、多くの分析がなされてきた。

①少雨・干魃と紛争

もともと降雨と紛争との関係が盛んに研究されるようになったのは、雨が紛争に及ぼす直接的な影響への関心のためではない。降雨に強く影響される農業所得の変化と紛争との関係に焦点を当てた研究が発端であった。

その研究は、アフリカにおける紛争の発生や悪化の要因として、その土地の人々の所得変化に注目した。天水農業（灌漑を行わず雨水だけで行う農業）が主流のアフリカでは、降雨の不規則な変化によって農業所得が大きく左右される。そこで、その研究では降雨量の変化に着目して分析したところ、降雨量が増えると所得が増えて紛争が起きにくくなり、逆に降雨量が減ると紛争が発生しやすくなるという関係を見出したのである（Miguel et al., 2004）。

また、アフリカにおける干魃、農業、武力紛争との関連について、単年度の干魃と継続的な干魃を区別して分析した研究もある。その研究では、干魃の長さだけでなく、栽培される作物の地域ごとの違いも把握したうえで、それらと紛争との相関を調べた。その結果、単年度の干魃発生とその継続年数の両方に紛争との相関が見出され、干魃が紛争の発生リスクを高める可能性があることが明らかになった（Nina von Uexhull, 2014）。

②多雨と紛争

このように降水不足が紛争を増加させるという指摘の一方、天水農業や牧畜に絡む暴力事件の発生は、乾燥した時期より雨が豊富な時期に多いという指摘もある。例えばケニアでは、家畜の略奪という形での個人間の争いは、雨が豊富な年の方が発生しやすいという（Theisen, 2012）。雨によって略奪者の足跡が消えるため犯行に及びやすいことや、雨期の方が牧草と水が豊富で家畜の健康状態が良いといったことが、背景にあるようだ。

多雨の年には発展途上国で比較的規模の大きな内戦が発生しやすいとの分析結果もある。特にアフリカなどの発展途上国では、紛争や暴動と多雨との相関関係が指摘されている。例えばエチオピア、ケニア、ウガンダなどの東アフリカ諸国では、極度の乾燥の時期のみならず極端な多雨の時期にも集団間紛争が多く起こるという（Raleigh and Kniveton, 2012）。

また、フィリピンを対象とした研究において、降雨不順が、それを契機に不満を高める市民と国家との間で、弾圧、内戦、テロを増加させるとの報告もある（Eastin, 2018）。日照りのみならず長雨も農業の生産性を落とし、紛争を呼ぶのであろう。

③懐疑論

このように降水量変化と紛争との関係を認める分析がある一方、これに否定的な研究も少なくない。干魃と内戦との相関関係を否定する研究例は、アジアを対象としたもの（Wischnath and Buhaug, 2014）にも、アフリカを対象としたもの（Theisen, 2012）にもある。また、東アフリカを対象とした別の研究では、極度の多雨がむしろ暴力のリスクを減らす可能性すらあると指摘されている（O'Loughlin et al., 2012）。

この点、降水量の短期的な減少と長期的な減少傾向のそれぞれが国家間の軍事紛争に及ぼす影響を調べた研究結果は示唆に富む。その研究によれば、ある年の降水量が平均より少ない国同士では紛争が起こりにくいという。人々は、比較的短期の降雨異常に直面すると、意見の違いを乗り越えて協力し合う傾向があるようだ（Devlin and Hendrix, 2014）。

一方、その研究では、長期にわたって平均降水量が少なく年によって降水量の変動が大きい国同士は、互いに対立しやすいことも指摘されている（ibid）。つまり降雨異常は、短期的な現象か長期的な傾向かによって、国家間の協力を促す側面もあれば、紛争を招く側面もあるようなのだ。

なお、後述するとおり気候と紛争との関係に関する分析をめぐっては様々な論争があるのだが、特に分析上の注意点として、いわゆる平均回帰の問題が指摘されている（Ciccone 2011; Hendrix and Salehyan 2012）。すなわち、ある地域で極端に乾燥した年の次に中程度に乾燥した年が来た場合、二年目の降水量は平年より少ないにもかかわらず、前年との差では降水量が増加していることになる。同様に、極端な多雨の年に中程度の多雨の年が続けば、二年目は降水量が減少した年として分析上は扱われる。

降雨と紛争との相関を調べた初期の研究では、こうした単純な統計分析が行われることが少なくなかった。そこでその後の研究では、全国平均や平年値との乖離も視野に入れるなどして、分析が精緻化されてきている。

(3) 自然災害

気候変動は、暴風雨、洪水、地滑りといった自然災害も頻発化、激甚化させる。1・5℃の温暖化でアフリカ、アジア、北米、欧州の多くの地域では暴雨と洪水が頻度と激しさを増し、2℃上昇では、気候変動前の19世紀後半には50年に1回の頻度でしか発生しなかったような異常な熱波の発生確率が13・9倍になるという（IPCC, 2021）。

災害は経済成長への影響を通じて紛争につながるかもしれないし、災害対応の失敗が被災者の不平不満につながる可能性もある。自然災害が直接猛威を振るうのは（気候変動という時間軸で見れば）短い時間であるが、それが広範囲ないし激甚であれば、街や社会のインフラが壊滅的な損傷を受けたり、農作物や家畜に深刻な被害が出たりする。

特に台風や洪水のような突発的で短期的な災害は、海面上昇のように緩やかに生じる変化よりも紛争の原因になりやすいという指摘もある（Brancati, 2007; Nel and Righarts, 2008）。緩やかに生じる変化であれば、社会は新たな環境に対処する時間的余裕があり、暴力や紛争の発生につながるような状況を回避することもできるが、突発的な災害には適切に対処し被害を防ぐ余裕がないからである（Buhaug et al., 2008）。

既存の実証研究では、洪水が内戦を長引かせる可能性が指摘されている（Ghimire and Ferreira, 2016）。洪水によって公共インフラが破壊されたり、政府の歳入が減少したりすることで、政府の治安能力が低下し、その結果として内戦が長引く傾向になるようである。また、災害によって軍隊が人命救助や復旧支援に駆り出されることで、軍事的脅威への対応力が一時的に低下することも指摘されている（Busby, 2008）。

一方で、自然災害と紛争との間の関係に否定的な既存研究もある（Slettebak, 2012; Bergholt and

Lujala, 2012)。むしろ、災害が紛争よりも平和を促進する場合があることを示唆する研究もある。平和を促進すると考えられるのは、生存という共通の課題に対して集団が結束するケースや、あるいは軍が災害によって弱体化して紛争を継続できなくなるケースなどだ（Bergholt and Lujala, 2012; Egorova and Hendrix, 2014）。自然災害と紛争とを結ぶメカニズムは（存在したとしても）複雑であり、既存研究はその理論化と実証にいまだ十分成功してはいない。

3　相関の程度

ここまで本章で述べてきたとおり、統計解析をはじめとする実証研究では、一部に懐疑論はあるものの、気候の変化、異常気象、自然災害と紛争の間に何らかの因果的なつながりを見出している研究が少なくない。では、気候と紛争との間に何らか相関があるとして、それは一体どの程度の相関なのであろうか？

気候と紛争との相関の程度については、２０１９年に科学誌「ネイチャー」が、気候安全保障に関するトップ研究者11名の意見を集約した論文（Mach et al., 2019）を掲載している。本節では、気候変動と紛争との相関度合いについて、この論文の概要を紹介して本章を終えることにしたい。

(1)　「構造化された専門家判断」

論文は、「構造化された専門家判断」（structured expert judgement）という方法で執筆された。

この方法は、既存のデータから確実な結論が得られないようなテーマについて、専門家たちの不確実さの残る判断を定量的に集約する手法である。

具体的には、まずスタンフォード大学のマッハ（Mach）らファシリテーターが、過去に主要な学術誌で気候安全保障の関連論文を発表するなどした65名の候補者のなかから、その専門分野（政治学、経済学、地理学、環境科学など）、所属機関、論文の影響度、気候と紛争の関係に対する賛否の態度などの観点から11名の専門家を選定した。

彼ら経験豊富で論文引用数の多い専門家11名の意見は、次の3段階のプロセスを経て集約されている。

① 専門家一人ひとりに対して、ファシリテーターが1日がかり（6時間から8時間程度）で詳細な個別インタビューを実施

② 11名の専門家が一堂に会して、個別インタビュー結果の集計をもとに2日間の集団討議

③ 個別インタビューと集団討議の結果をもとに、専門家グループ全員が執筆に参加して論文を作成

特に個別インタビューでは、気候が紛争に与える影響について、専門家の意見をファシリテーターが主に二つの観点からリスク（発生確率×インパクト）という数値の形で引き出している。

第一の観点は、過去の紛争に影響したと考えうる16の要因（社会経済発展レベル、格差、ガバナンスなど15の要因と気候変動）をファシリテーターが示し、それら要因が紛争の増加や減少にどの程度の確率やインパクトで影響したと思うかを尋ねるというものである。

第二の観点は、今より平均気温が2℃あるいは4℃上昇した場合に、どの程度の確率とインパクトで紛争が増減すると考えるかという将来予測である。なお、ここでの紛争は、一国内で生じる組織的な内戦を指し、その死者数などの規模は問わないものとされた。

(2) 専門家の評価

①気候要因が関連する過去の内戦は全体の3~20%

この三段階評価の結果、11名の専門家たちは、過去100年の間に、気候や異常気象が世界の内戦発生に多かれ少なかれ影響を与えたであろうという点では意見の一致を見た。ただし、過去100年に生じた内戦のうち、気候要因が影響したものを全体の3%前後と低く見る専門家から、20%以上と高く見積もる専門家までおり、その評価には幅がある。

また、過去100年の間、気候要因が内戦のリスクを「大幅に増大」させた確率はせいぜい5%程度だというのが、この専門家らの見立てである。彼らは、ファシリテーターが用意した16の要因のなかで、気候や異常気象の影響を14番目(つまり、影響度が3番目に低い要因)に位置づけている。

一方で彼らは、気候要因よりも他の経済的、政治的、社会的な要因の方が紛争リスクに対してははるかに大きな影響を与えてきたという点でも意見が一致している。専門家らが内戦リスクに対して特に影響力のあるものとして挙げたのは、社会経済発展の程度、国家のガバナンス能力、集団間の不平等(民族的な差別)、紛争の歴史である。特に社会経済的発展の低さは、内戦の発生とその期間に最も関連が深い要因として、専門家11名全員の間に意見の一致が見られた。

本書では、こうした要因を社会の脆弱性に関わる要因と捉え、気候変動に伴う様々な影響が実際に紛争を招くに至るかどうかを左右するものとして、第Ⅳ章で詳しく検討する。

②紛争の大幅増加　4℃の温暖化で確率26％

一方、彼ら11名の専門家は、さらなる気候変動が今後の内戦リスクを増大させるという点には強く合意している。ここでも各人の評価には幅があるものの、専門家11名の平均推計値で言えば、世界の平均気温が産業革命前から約2℃上昇すると13％の確率で内戦リスクは「大幅に増大」し、約4℃の温暖化シナリオでは26％の確率で「大幅に増大」するとの予想である。

加えて専門家らは、気候変動と異常気象は、その影響度の評価が16の要因のなかで最も不確かだともしており、もしかしたら気候がもたらす影響は想定よりもずっと大きいかもしれないと認めている。特に将来は、気候変動がこれまで予想されてきた因果プロセス以外の経路で紛争のリスクを高める可能性があるとしている。

これから地球に訪れる気候変動は、過去数千年の人類の歴史には経験のないものである。世界の平均気温が2℃ないし4℃上昇する場合の影響について、その予測にはいまだ大きな不確実性が伴う。将来の気候変動と紛争の関係について専門家らは、これまでの経験を根本的に覆すような事態もありうるとしているのだ。

(3) 紛争要因の一つとしての気候

以上見てきたとおり、気候と紛争との関係は、直接的で単純なものではない。気候変動が生じても、必然的に紛争が発生するわけではない。気候要因よりも、社会経済発展の程度、国家のガバナンス能力、集団間の不平等（民族的な差別）、紛争の歴史など、その土地ごとの政治的、経済的、社会的な要因の方が紛争リスクに対してはるかに大きな影響を与えてきたというのが、専門家たちの一致した見方である。

むしろ気候変動は、紛争を招く多くの要因の一つとして捉えられるべきものである。自然災害や異常気象が必然的に紛争につながることはなさそうだが、両者の間に何らかの因果的なつながりを見出している研究も少なくない。気候変動の影響は、他の政治的、経済的、社会的な要因との相互作用のなかで、ときに短期のうちに、ときに長い年月を経て、紛争へとつながる場合があるようだ。

では、気候変動が紛争へとつながる因果プロセスには、他にどのような要因が絡むのであろうか？あるいは、同じような災害や異常気象を経験しながら紛争に至るケースとそうでないケースが生じるのはなぜであろうか？　本章を通じて浮かんだこれらの疑問について、次章以降さらに詳しく考察していくことにしたい。

III

気候変動と紛争を結ぶ経路

前章で見たとおり気候変動は、多くの紛争要因の一つとして、複雑な因果の経路のなかで他の政治的、経済的、社会的な要因と相互作用し、ときに紛争へとつながるものと考えられる。では、気候変動が紛争につながる経路とは、具体的にどのようなものであろうか。

G7外相の委託により複数のシンクタンクが2015年に共同作成した報告書「平和のための新たな気候」(A New Climate for Peace) は、国家と社会の安定に対して気候変動がもたらす深刻な脅威として、以下の7つのリスクを挙げた (Rüttinger et al., 2015)。

① 局地的な資源争奪
② 生活不安と移住
③ 異常気象と災害
④ 不安定な食料価格と食料供給
⑤ 国境を越えた水資源管理
⑥ 海面上昇と沿岸浸食
⑦ 気候政策の副作用

このうち①と⑤のリスクは、ともに資源をめぐる紛争の可能性を指摘するものである。②と④は、経済への影響に関するものだ。②のリスクで移住についても触れられているが、気候変動の結果として移住を余儀なくされるのは、生活不安が原因の場合だけでなく、⑥のリスクとして挙げられている海面上昇や沿岸浸食などによって住処《すみか》を追われる場合もあるだろう。多くの学術論文においても、資源競争、経済悪化、移民発生は、気候変動や異常気象と紛争とをつなぐものと見られている。また、そのほかにも、気候変動がもたらす心理的な影響や軍事的な影響も検討されてきた。

そこで本章では、これらがどのような因果の経路のなかで相互作用し、時に紛争へとつながりうるのか見ることにしたい。

1　資源をめぐる競争

資源と紛争との関係については、広く知られている二つの議論がある。一つは豊富な資源と紛争との関係であり、もう一つは希少な資源と紛争との関係である。資源が豊富であろうと希少であろうと紛争要因になると聞くと、奇妙に思えるかもしれない。しかし、資源の性質の違いによって、両方の議論がそれぞれ成り立つのである。

(1)「資源の呪い」

豊富な資源が紛争を招く皮肉な事例を「資源の呪い」と呼ぶ。資源が豊富な場合に紛争を招くというのは、通常、枯渇性資源（石油、石炭、天然ガスなどの化石燃料や鉱物など）に関連する議論である。枯渇性資源は、使えばなくなり回復することがない。また、それが産出される場所も、多くの場合限られる。したがって、人々が必要とする特定の枯渇性資源が豊富に産出される場所を手中に収めれば、大きな利益を得ることができる。また、そうした資源から得られる多額の利益は、紛争の資金源となりうる。

最もよく知られた「資源の呪い」の例は、アンゴラやシエラレオネなどの「紛争ダイヤモンド」(conflict diamonds)である。1980年代以来、アフリカの多くの地域で断続的に続く内戦では、ダイヤモンドなどの資源を売った資金で反政府勢力が武器を調達し、紛争の熾烈化と長期化を招いた。この地域で豊富に産出されるダイヤモンドは、比較的容易に採掘でき、小粒なため密輸もしやすく、国際市場へのアクセスもしやすいことから、反政府勢力にとって恰好の資金源となったのだ。「資源の呪い」は、発展途上国の経済が石油など特定の一次産品の輸出に大きく依存する場合にも見られる。世界銀行のエコノミストらが1965年から1999年の期間を対象に行った研究によれば、一次産品輸出の対GDP比が5%の国と25%の国を比較すると、対GDP比が5%にとどまる国では内戦発生率が6%であるのに対し、対GDP比が25%に上る国では内戦発生率が33%まで高まるというのだ(Bannon and Collier, 2003)。

もちろん天然資源は、決して紛争の唯一の原因ではなく、紛争を不可避にするものでもない。しかし、低所得国における豊富な鉱物性資源の存在は、紛争リスクを高めたり、紛争を長期化させたりする傾向があるのだ。

特に、資源価格が上昇する場合、そこから利益を得る支配勢力はより大きな資金を手にすることになる。その資金が地域の生活を豊かにするならよい。しかし、それが紛争の火に油を注ぐこともある。実際、コロンビアで１０００の自治体を調べた研究によると、石油の埋蔵やパイプラインのある自治体では、石油の国際価格の上昇が政府と反政府勢力との衝突を大幅に増加させるという(Dube and Vargas, 2013)。

気候変動との関係では、北極圏の海氷が融解することで生まれる新たな鉱物資源採掘の機会が、今後国家間の紛争の種となるかもしれない。また、化石燃料への依存低下と再生可能エネルギーの普及は、世界が必要とする鉱物性資源の種類や価値を大きく変え、世界の地政学的勢力図に重大な影響を与えそうである。こうした影響については、第Ⅵ章で詳しく述べる。

(2) 希少な資源

一方、希少な資源が紛争を招くという議論は、必要不可欠な再生可能資源（淡水、牧草地など）を対象とする場合が多い。例えば淡水が豊富な地域では、それを雨水、融雪水、湧き水などで補充できる範囲で皆が使っている分にはなくなることがなく、その奪い合いもない。しかし、そもそも淡水が希少な地域では、それが争いの種となることがある。

特に淡水や牧草地などは、地球規模の気候変動の影響で、場所によっては今後希少性を増すと懸念される。今後乾燥化が進むと考えられるのは、北米中部・西部、中米やカリブ地域、南米の広範囲、欧州中部・西部や地中海地域、オーストラリア東部・南部、アフリカなどである（IPCC, 2021）。特に融雪水に依存する河川流域においては、灌漑に利用できる水が２℃の温暖化で最大20％減少すると予測され、水力発電や生活水にも影響が及ぶと予測される（IPCC, 2022）。

資源の希少化が社会に与える影響は、長らく注目されてきた。古くは18世紀、人口の自然増が食糧危機を招き、貧困と悪徳を不可避にすると説いたマルサスの『人口論』に起源を求めることができる。より最近では１９９０年代の環境安全保障論争でも、資源不足が紛争の種として注目されたのは前述のとおりである。

気候変動などの環境変化によって淡水、耕作地、森林、水産物などの資源が不足すると、その希少性を増した資源をめぐって競争と対立が激しくなる可能性がある（Homer-Dixon, 2001）。あるいは、淡水や耕作地などの資源が足りなくなれば、人々は別の地へ資源を求めて移動し、その移動先で資源をめぐる争いを起こすこともあるだろう。

①希少資源が招く紛争の例

特に発展途上国においては、降雨量の減少や気温の上昇によって水不足が発生すると、限られた水資源をめぐって農民と遊牧民が対立したり、都市住民が暴動を起こしたりといった可能性が指摘されている（Snorek et al., 2014）。また、河川や湖などの水を共同利用する国家間、特に上流国と下流国の間で、その水資源をめぐって対立と紛争が生じるとみる研究者もいる（Brochmann and Gleditsch, 2012）。

例えばスーダンにおけるダルフール紛争初期に、村落間での水の奪い合いが起こり、水資源豊富で植生豊かな村落が破壊や略奪にさらされたという報告がある（De Juan, 2015）。また、中東のパレスチナの紛争でも、水をめぐる争いは重要な背景事情として指摘されている（Tamimi and Abu

Jamous, 2012)。

同様に、ケニアのトゥルカナ地区では、干魃によって水や牧畜可能な土地が乏しくなると、それらをめぐって牧畜民の間で抗争や家畜の奪い合いが起きやすくなるという（Ember et al., 2012）。このトゥルカナ地区で行われたインタビュー調査に対して牧畜民たちは、水や耕作地が豊富なときには協力のメリットが略奪のメリットを上回るが、共有すべき土地や水が少なくなると協力の相対的価値が低下すると答えている（Schilling et al., 2012）。

ほかにも、ニジェールのタホアやエチオピアのガンベラでも、土地や水をめぐる民族間の競争がときとして暴力的な衝突に発展することが報告されている（Snorek et al., 2014; Milman and Arsano, 2012）。

②懐疑論

一方で、資源の希少化による紛争発生という議論は、理論的にも実証的にも少なからぬ批判を受けてきた。例えば経済学者にとっては、希少性は克服しうる問題だ。彼らは、効率的な市場が機能してさえいれば、希少資源を保全ないし代替するための投資、技術革新、貿易がなされると言うだろう（Lomborg, 2001）。

実証的にも、資源不足が紛争を引き起こすかどうかは評価が定かでない。アフリカや世界各地を対象に内戦と資源不足との関係を分析した統計解析では、あまり明確な相関は確認されていない（Raleigh and Urdal, 2007; Hendrix and Glaser, 2007）。また、国際河川のように複数の国にまたがる水資源をめぐっては、小規模な衝突や外交的対立は頻繁に発生することが確認できるものの、国家間の軍事衝突が起きたことはほとんどない（Brochmann and Hensel, 2009; Bernauer and Siegfried, 2012）。

むしろ、複数国が共有する水資源については、過去数十年の間に共同利用に関する国際協定の数が増加していることから、協力が進んでいると見る向きもある（Wolf, 2007; De Stefano et al., 2012）。一国内の水資源関連事案に関しても、地中海、中東、アフリカの35カ国で１９９７年から２００９年の間に起きた1万件以上の水資源関連ニュースを分析した研究が、全体として紛争よりも協力的な事案がわずかに多かったと報告している（Böhmelt et al., 2014）。

そのほか、ケニアのトゥルカナ地区に住むポコト族という人々は、飢饉が迫っている場合、敵対するカリモジョンの人々に平和協定を申し込むことを明らかにした事例研究もある（Eaton, 2008）。同じような戦略は、スーダンの農民の間でも見られるようだ。深刻な干魃が発生すると、スーダンの農民たちは、後に通常の生活に戻れるように、暴動より生計を維持することに集中する傾向があるという（De Waal, 2005）。

つまり、資源が乏しいときに争いをする余分な時間や資源はなく、むしろ生存にエネルギーを注ぐということだ。そうした場合、近隣部族の襲撃のような紛争や暴力で利益を得ようとする行動はリスクが高すぎ、平和な生活を捨てる価値に見合わないかもしれない。極度の干魃の時期に争うことは、むしろ自殺行為になりうるのだ（Eaton, 2008）。

このように、水などの資源不足は紛争を招く場合もあれば協力を促す場合もあるようだが、何がその結果を分けるのだろうか？

一つの可能性は、資源不足にさらされる期間の違いである。前章で、短期的な少雨と長期的な干魃の各々が国家間の軍事紛争に及ぼす影響を調べた研究を紹介した。その研究によれば、人々は比較的短期の降水異常に直面すると、意見の違いを乗り越えて協力し合う傾向にあるようだが、長期にわたる干魃では対立に発展しやすいという（Devlin and Hendrix, 2014）。この研究が示唆するところによれば、水などの資源不足は、短期的なものか長期的なものかによって、協力を促す側面もあれば紛争を招く側面もあるのかもしれない。

2　経済的要因で起きる紛争

人々が紛争に加担する可能性が高いのは、そうすることで得られる効用（満足）が、平和に暮らすことで得られる効用を上回るときだと考えられる。

【紛争に加担する合理的な判断】
紛争に加担する効用　＞　平和な暮らしで得られる効用（機会費用）

つまり、食えなくなり、生活に行き詰まれば、暴力に加担してでも食いつなごうとする者も出てきておかしくないということだ。人々が合法的、平和的な活動よりも犯罪や反乱からより多くの収入を得られると期待すると、略奪的行動がより起こりやすくなると考えられる。

経済学的に言えば、平和な暮らしで得られていた収入や将来の希望を失うことは、平和な暮らしを捨てて反乱や暴動に参加する機会費用を下げることになる。機会費用とは、ある選択肢Aを選んだときに、別の選択肢Bを選ばなかったことで失う利益のことである。選択肢Bで得られるはずだった利益を失うことを、選択肢Aを選ぶための「費用」と見なすのだ。

例えば、農民が銃をとって内戦に参加すると、得られるはずだった将来の農業収入を失うことになる。農民が内戦に参加することに伴う機会費用である。しかし、水枯れや耕作地の不毛化などのために農業を続けることができなくなった場合、農業をやめても失うものがない。つまり、農業をやめて内戦に参加する機会費用が下がるということである。このとき、反政府組織に参加すればわずかでも収入や食料が手に入るなら、そちらを選ぶ方がこの農民にとっては理に適うことになってしまう。

この点、気候変動の影響によって生活条件が悪化したり、経済成長が鈍化したりすると、平和な暮らしで得られていた収入や将来の希望を失う人も出てくる。つまり、そうした人々にとっては、平和な暮らしを捨てて反乱や暴動に参加する機会費用が下がることになるのだ。本節では、以下、そうした経済的な要因によって気候変動が紛争につながる経路を考えてみよう。

(1) 生活条件の悪化

生活条件の悪化は、気候変動と紛争とを結ぶ重要な経路の一つである。もちろん気候変動に伴う環境悪化が必ず生活条件の悪化につながるとは限らないし、生活条件の悪化が必ず暴力につながるわけでもない。しかし、これまで多くの研究が、気候変動と紛争とを結ぶ中間要因として生活条件の悪化に注目し、その因果関係を検証してきた。

特に東アフリカでは、人口の大部分が天水農業と牧畜によって生計を立てているため、前述したとおり、気候変動が人々の生活に与える影響は特に深刻だと考えられる（Raleigh and Kniveton 2012）。このため東アフリカでは、気候変動に関連した生活条件の悪化と紛争との関連を探る分析が盛んに行われてきた。

ところで、気候変動が招く生活条件の悪化とは、どのようなものだろうか？　以下、異常気象や自然災害による農家の収入減や食料価格の上昇などに注目して、気候変動が人々の生活条件を悪化させるシナリオについて少し詳しく見てみよう。

①農林水産業者の収入減少

気候変動が進むと、干魃、洪水、熱波といった自然災害の強度と頻度が増大したり、動植物の生育環境が変化したりすることなどによって、農作物の収穫、家畜の飼育、漁や養殖の水揚げなど食料生産に深刻な影響を与える（IPCC, 2022）。

農林水産業の生産減少は、まずそれに従事する人たちの収入減を招きうる。平和な暮らしで収入が減少するということは、前述のとおり、暴力によって揉め事を解決したり、力によって資源へのアクセスを確保したりすることの機会費用が下がるということだ。

多くの研究が、気候変動の影響を受けやすい農林水産業の収入減少が紛争につながる可能性を強調している。例えば、インドネシアでの稲作やサハラ以南アフリカのトウモロコシ栽培のハイシーズンに気温の異常が生じると、それら作物の収穫量が減少し、内戦の発生率が高まるという(Caruso et al., 2016; Jun, 2017)。

同様に、アフリカ46カ国のデータを1997年から2011年まで分析した別の研究でも、その土地の主要作物の成長期に異常気象が起きると、それ以外の時期の異常気象に比べて、紛争に結びつきやすいとの結果が出ている(Harari and La Ferrara, 2018)。また、シリア内戦に関する分析でも、主要作物の成長期に干魃が起きると、暴動の発生を誘発しやすいと指摘されている(Linke and Ruether, 2021)。

牧畜に関しても、ソマリアを対象としたある研究が、家畜価格の低迷によって、暴力行為に加担する農牧民が増加したり、そうした農牧民に対する過激派組織アル・シャバーブの勧誘が活発化したりすると報告している(Maystadt and Ecker, 2014)。ほかにも、コロンビアでのある調査が、コーヒーの国際価格急落によってコーヒー生産の多い自治体でゲリラや反政府勢力による攻撃が大幅に増加することを見出している(Dube and Vargas, 2013)。

これらの研究は、農林水産業者の収入減少が気候変動と紛争とを結ぶ重要な経路である可能性を示している。ただし、収入減少に見舞われた農林水産業者が必ず紛争に加担するわけではない。あるいは、異常気象による一次産業の収入減少が気候変動と紛争との唯一の経路でもない。

例えば、インドにおけるヒンドゥー教徒とイスラム教徒の衝突についてのある事例研究は、降雨不足による不作と農業所得の低下が暴動と相関していることを明らかにしている。しかし、この研究は、灌漑ダムによって農業生産が雨の影響を受けにくいはずの地区でも、降雨不足と暴動が同時に発生することを報告している（Sarsons, 2015）。この研究結果は、降雨不足のような異常気象と紛争暴動との関係は単純でないことを示唆していると言えよう。

②気候インフレ

気候変動に伴う物価上昇は「気候インフレ」（climateflation）と呼ばれる。気候変動は、さまざまな経路を通じて物価上昇を招きかねない（Schnabel, 2022）。

気候変動によって農作物、家畜、水産物の供給が減少することになれば、それは農林水産業者の収入減少にとどまらず、食料価格の上昇という形でより多くの人々の生活条件を悪化させることになる。ＩＰＣＣ第6次評価報告書によると、2℃を上回る温暖化においては、特にサハラ以南アフリカ、南アジア、中南米、島嶼地域で深刻な食料不足となる可能性が高いとされる（IPCC, 2022）。

また、２０２１年以来、脱炭素に向けたエネルギー転換の過渡的な副作用で石油や天然ガスの需給バランスが崩れ、そこにロシアのウクライナ侵攻の影響も重なって、化石燃料の国際価格が急騰した。いまだ化石燃料に依存した現状では、その高騰は光熱費や輸送費を押し上げ、庶民の暮らしにも大きな影響が及ぶ「化石インフレ」（fossilflation）をもたらす。さらに、今後多くの企業が脱炭素のために割高な技術や設備に投資するようになれば、その費用が価格に転嫁されて「グリーンフレーション」（greenflation）が起きるとも考えられている。

食料危機や物価高騰が暴動に結びつくことは、天保飢饉に端を発した天保騒動など、日本の歴史にも例を見つけることができる。ヨーロッパでも、フランス革命の先駆けとなった1789年のレヴェイヨン事件をはじめ、18世紀から19世紀にかけてパンの価格高騰が招く暴動が相次いだ（Smith, 2014）。19世紀のバイエルンでは、豪雨のためにライ麦が不作となり、その価格が上昇した結果、窃盗など財産犯の発生率が上昇したという報告もある（Mehlum et al., 2006）。

気候安全保障の研究でも、異常気象や自然災害による食料価格の上昇が都市暴動や紛争を招いた例が指摘されている。例えば、1997年から2010年までを対象にアフリカで113の市場を調査した研究、干魃が起きると食料価格が高騰し、その結果として紛争の頻度が上がるという関係が見られたという（Raleigh et al., 2015）。また、2007年から2008年にかけての食料価格高騰が、アフリカ諸国をはじめ世界の多くの発展途上国で食料危機と暴動を招いたことも指摘されている（O'Brien, 2012）。

気候変動によって食料生産国からの輸出が減ることになれば、食料の多くを輸入に頼る日本のような国にとっては死活問題だ。国際的な食料危機は、多くの国でマクロ経済や政治状況の安定に影響を与え、紛争を煽る可能性もある（Berazneva and Lee, 2013）。

例えば「アラブの春」（2010年から2012年にかけてアラブ諸国で相次いだ大規模反政府暴動）についても、その背景として気候変動の影響を指摘する研究者がいる。2008年から2010年にかけて、気候変動に関連するとされる干魃のために、ロシアや中国の小麦などが不作となった。それによる世界的な穀物の不足と価格高騰が、「アラブの春」の背景の一つとされる。

実際、世界的な穀物価格の高騰のために、特にパンの価格が大幅に上昇し、場所によってはそれ以前の3倍以上の値段になったという。これにより、アラブ諸国で当時勃興しつつあった反政府勢力が勢いづいて、「アラブの春」が広がったと指摘されているのだ（Sternberg, 2012）。

③格差の拡大

異常気象や自然災害の影響による食料危機や物価上昇は、社会全体で公平に影響するわけでは必ずしもない。農林水産業者や貧困層など特定の層の人々の生活を特に苦しくする。その結果、気候変動から影響を受けにくい業種に従事する者や富裕層との間で格差の拡大を招き、それが紛争の遠因となる可能性もある。

格差の拡大と紛争とを結びつける鍵は、相対的剝奪（relative deprivation）という概念だ。相対的剝奪とは、期待する生活と現実の生活との間の落差であり、不満の種となる。期待と現実の落差が大きければ大きいほど、不満も大きいだろう。

格差の拡大は、多くの人々にとって相対的剝奪を深刻化させ、暴動や紛争に参加してでも、富や政治権力の再分配を要求する方向へ彼らを突き動かすことがある。すなわち、異常気象や自然災害によって景気後退と格差の拡大が深刻化すると、それが暴動や紛争を招きかねないのである（Cederman,2013; Gurr, 2015）。

ただし、僻地や貧しい村落地域などでは、不満をためた人々が直ちに国家に挑戦できるような勢力とはなりにくい。格差の不満となる比較対象も、遠く離れた国や都市の見知らぬ誰かよりも、すぐ近くの具体的な隣人の方が憎悪の対象となりやすいのかもしれない。

このため、僻地や貧しい村落地域の人々は、近隣地域のなかにいる自分たちとは別の集団に暴力を向けがちである（Hendrix, Salehyan, 2012; Raleigh, 2010）。これは、政治や経済の問題に端を発する集団暴動の多くが民族グループ同士の対立から生じているアフリカにおいて、特に当てはまりそうである（Fjelde and von Uexkull, 2012）。

実際、環境悪化を背景とした格差の拡大が紛争を招いた例はある。例えば、ナイジェリア、チャド、ニジェール、カメルーンの４カ国にまたがり、サハラ砂漠と接するチャド湖周辺域は、水不足、食料不足、そして、それらに伴う格差の拡大が紛争の遠因となった典型的な場所として知られる。周辺人口の増加に伴う大規模灌漑、過放牧、砂漠化の影響を受け、チャド湖の面積は１９６３年から２００１年までの間に90％以上が失われた。その結果、この地域では水と食料の深刻な不足が恒常化するようになり、湖を頼りに農業、漁業、放牧を行っていた地域住民は生活の糧を奪われるようになった。

特にナイジェリア北部では、このチャド湖の乾燥に伴う水と食料の不足が、既存の不平等、貧困、政治的不安定を悪化させ、それが２００２年に結成されたイスラム系テロ組織ボコ・ハラムの台頭を生んだと指摘される。職に就けない多くの若者にとっては、テロ組織への参加が、自らの生活を改善するための現実的な選択肢だったのだ（Rudincová, 2017）。

(2) 経済成長への影響

気候変動と紛争をつなぐ経済的要因として、経済成長の低下にともなうマクロ的な影響にも簡単に言及しておきたい。気候変動とそれに伴う異常気象や自然災害は、食料生産の減少、物価上昇、インフラ損壊などを通じて、経済の多くの分野に損害を与えうる。また、温暖化によって、酷暑での屋外労働や空調のない室内で労働を強いられる職業では、労働生産性の低下が指摘されている。このまま温暖化が進めば、2050年までに世界の労働生産性は最大20%低下するという予測もある (Dunne et al., 2013)。

経済成長の低下は、国家の税収を減少させ、暴力を抑制したり住民サービスを提供したりする国家の能力を弱体化させることにもなる。例えば、気候変動の影響で耕作可能な農地が不足すれば土地税が減少する (Homer-Dixon, 1999)。また、綿花などの気候変動の影響を受けやすい一次産品に大きく依存した経済では、その生産減が所得税や法人税の減少を通じて国家財政に影響しうる (Le Billon, 2005)。

こうして気候変動は、経済成長の鈍化と国家財政の悪化という経路を経て、政府の治安能力や反乱抑止力を低下させ、紛争を誘発する可能性があると危惧されている (Burke, 2012; Fearon, 2008)。また、経済成長の低下は、多くの人の収入や経済的機会の減少にもつながる。その結果、期待と現実の落差に相対的剝奪を感じる人や、反政府活動参加の機会費用が下がる人も増えるだろう。

ただし、気候変動が経済成長を鈍化させ、紛争につながるかどうかは、今のところ確証がない。

気候変動の近似事象として過去の異常気象や自然災害を取り上げ、それが経済成長に与える影響と紛争との関係が分析されている。しかし、その結果は必ずしも一致していないのだ。

アフリカ41カ国のデータを用いて1981年から1999年までの期間を分析した研究は、降雨量が少ないと経済成長が低下し、その結果、内戦の確率が高くなるという関係を見出している(Miguel et al., 2004)。

他方、この研究では降雨量の変化を前年との単純比較で評価しているのに対して、平年との比較で分析した別の研究では、降雨、経済成長、紛争の間に有意な関係は見られなかったという。また、世界全体とアフリカを対象に、1980年から2004年までの気温および降水量の平年比較と紛争との関係を分析した別の研究でも、やはり経済成長の低下を通じて内戦リスクが高まるという相関は見られなかったとしている(Koubi et al., 2012)。

このように従来の実証研究では、気候、経済成長、紛争との間の相関が確認されているとは言い難い。しかし、気候変動による経済的損害は、温暖化の進展によって今後加速度的に増大することが高い確率で予測されている(IPCC, 2022)。その経済的損害は地域的な差が大きくなるとも予想され、特に途上国では一人あたり所得に占める損害額が相対的に大きくなりそうだ。そうした状況になって初めて、気候、経済成長、紛争との間の相関が顕在化してくるのかもしれない。

3 気候移民

気候変動による海面上昇、気象条件の変化、水や食料の不足などが深刻化すると、多くの人々が住み慣れた土地を離れざるを得なくなる可能性がある。そうした気候変動に伴う環境変化の結果発生する大量の「環境移民」(environmental migrants)ないし「気候移民」(climate migrants)の流入は、その受け入れた社会にとって重荷となり、先住者との間で争いを招く可能性がある(Brzoska and Fröhlich, 2015)。

現状、国際法などで規定された「移民」の定義は存在しないが、国連の国際移住機関(IOM)は「一国内か国境を越えるか、一時的か恒久的かにかかわらず、様々な理由により本来の住居地を離れて移動する人」と定義する。つまり、一口に移民と言っても、その移動先は同一国内の場合もあれば国外の場合もあり、一時的な移動の場合も恒久的な場合もあるのだ。また、特に災害、紛争、迫害など自発的でない理由で移動を強いられる人々は、難民や国内避難民と呼ばれる。

スイス・ジュネーブに本拠を置く国内避難民監視センター(IDMC)によると、自然災害に起因する国内避難民(図3－1参照)は、2012年から2021年までの10年間で2億3000万人発生した。これは、紛争に起因する避難民9840万人の2倍以上に上る数である。

例えば、南スーダン北部では、2021年に発生した洪水によって80万人以上が被災し、約40万人が難民化したという。人々は、かねての内戦に加えて、家も農地も家畜も洪水に奪われて、生活

図3-1　国内避難民の災害別割合（2012〜21年）

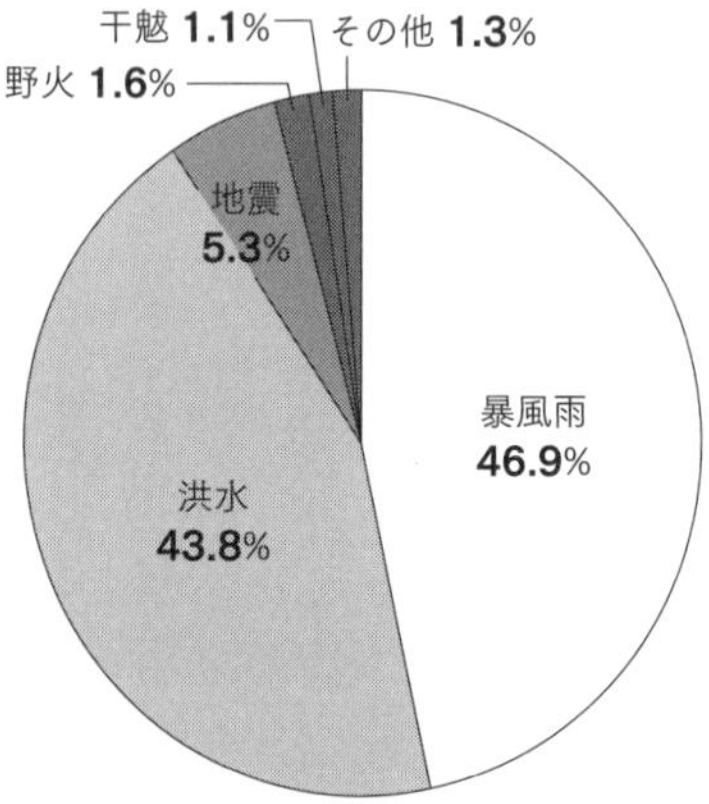

出所）IDMC データより筆者作成

の基盤を失ったのだ。また、サイクロンの影響で高潮や洪水が頻発するバングラデシュ南西部の港町モングラでは、2010年代だけで数万人が周辺地域から移り住んだという。モングラでは政府が堤防や排水システムなど防災機能を整備し、移住者が働ける工場も建てて、居住し続けられる環境を整えたからである（日本経済新聞、2022）。

世界銀行は、2050年までに最大2億1600万人の気候移民が発生しうると警告している。地域別に言うと、サハラ以南アフリカで8600万人、アジア太平洋地域で4900万人、南アジアで4000万人の気候移民の発生が予想されている（Clement, et al., 2021）。

(1) 気候と移民

なぜ移民は発生するのか？　移民発生の背景については、プッシュ・プル理論、移民ネットワーク論、移民システム論、トランスナショナル論などの理論によって説明されてきた。これらの理論をまとめると、移民が生じる背景にはおおよそ以下の要因が作用する（Massey, 2001; Black et al., 2011）。

【移民の発生要因】
① プッシュ要因（生活苦、政治的抑圧、環境悪化など）
② プル要因（経済的機会、政治的自由、環境資源など）
③ ネットワーク要因（家族の絆、民族的つながり、交通の便など）
④ 政策要因（移民政策、国家関係など）
⑤ 主観的要因（個人の目標、文化習慣、情報など）

気候移民に関わる多くの議論も、こうした理論を前提にしている。例えば気候変動によって一つの場所での生活がもはや維持できなくなることが、いわゆるプッシュ要因の一つとなりうるだろうという仮定である（Brown, 2008）。

ただし、気候変動の影響から逃れるため本来の住居地を離れる人々は、必ずしも耐え難い状況に対応するための「最後の手段」としてのみ移住を選択するのではない。移住は、気候変動の影響にさらされる人々にとって、実行可能な対応策の一つでもある（De Sherbinin et al., 2011）。

例えば、移住した人が地元に残った家族に送金をすることで、地元のコミュニティは気候変動に起因する災害や環境変化の経済的影響に対処することができる（Scheffran, 2012）。むしろ多くの場合、最大のリスクにさらされるのは、様々な理由のために、気候変動の影響にさらされた地域から逃れられない人々である（Black et al., 2011）。

移民を生み出す要因やその相互作用は非常に複雑であり、事例ごとに異なりうる。それでも、気候変動の影響による異常気象、自然災害、環境変化が、世界各地で人の移動を促すはずだと考えられている。以下、気候移民を生み出しうる代表的な要因をいくつか紹介しておこう。

①干魃

干魃は、一時的な移住と長期的な移民の両方に関連する。干魃で農業や畜産からの収入が一時的に減少し、収入源を増やすために町へ出稼ぎに出るような場合が、一時的な移住である。例えば、エチオピア高地の農村部で、世帯調査にもとづき３１００人の移動履歴を調査した研究によれば、深刻な干魃時には農業の収入減を補うため出稼ぎに出る男性が増えることが明らかにされている（Gray, 2012）。

一方、収入や住環境に対する干魃の影響が長期に及び、その土地にとどまっては生活が立ち行かない状況となれば、家族を連れて別の場所へと移り住まざるを得なくなるだろう。干魃は、歴史的にも永住移民の増加につながってきた。例えば先古典期および古典期マヤでは、深刻な乾燥期に都市放棄が相次いだと見られることを第Ⅱ章で紹介した。同様に、コロンブス以前の米国でも、12世紀と13世紀における深刻な干魃が先住民の移住と村の放棄を促した可能性が指摘されている（Benson, 2007）。

②土地の不毛化

気候変動は、砂漠化や塩害などによっても農地を不毛にすることがある。この土地の不毛化も、移民の発生に結びつく。ケニアでは、土地の不毛化による収入減を補う対応策として一時的な移住が一般化しており、不毛化した土地が増えるにつれ出稼ぎ的な短期労働関連の移住が増加することが明らかにされている（Gray, 2011)。

一方、ウガンダでの調査では、土地の不毛化が、その地域を離れる移住者をわずかに減少させたことが明らかになっている。このウガンダの事例では、土地の不毛化によって、教育機会や新たな雇用機会などを求める若者を町に送り出す経済的余裕のない世帯が増えたのだ。このウガンダの人々のように、環境悪化の影響から逃れるために移住する余力すら奪われた集団は特に脆弱である(ibid)。

これらケニアとウガンダでの研究の相反する結果から示唆されるように、土地の不毛化のような環境悪化は、移住や移民を必然的に促すのではない。環境の変化が移民を生むかどうかは、他の様々な要因との相互作用に依存しているのだと考えられる。

③洪水

激甚な暴風雨などによって起きる洪水は、しばしば移民や難民を生み出す。例えば、2022年にパキスタンで発生した大規模洪水では、発生1カ月で約640万人が避難し、死者は1100人にのぼったと言われる。また、2009年にバングラデシュ南西部を襲った大型サイクロンでは、失った家屋や資産を再建する余裕のない社会経済的に脆弱な低所得層ほど、難民化する割合が大きかったという（Mallick and Vogt, 2012）。

一方、1920年代から1930年代にかけて米国で発生した暴風雨や洪水と移住との関係を調べた研究では、暴風雨後の再建や洪水が起こりやすい地域の保護強化など、災害軽減のための公的な取り組みが移住を押しとどめることが示唆されている（Boustan, 2012）。同様に、2004年のインド洋大津波の際にも、迅速な人道支援が奏功して、全体的な移民発生は比較的限定的であったという（Tacoli, 2009）。

④海面上昇

海面上昇は、少なくとも21世紀の間は続くことがほぼ確実とされる。世界の平均海面水位は、20世紀初頭に比べて既に約20センチ上昇している。その上昇ペースも加速しており、2006年から2018年にかけては年間平均3・7ミリのペースで上昇した。今後どこまで海面上昇するかは温暖化の程度によるが、2050年にカーボンニュートラルを達成するようなシナリオでも最大55センチの海面上昇が予想される（IPCC, 2022）。

こうした海面上昇は、インド洋、カリブ海、太平洋の小さな島嶼国で人々の住処を奪うことになるが、それだけではない。世界各地の低海抜地域、特に南アジアや西アフリカの低地に住む多くの人々が、海面上昇に伴う土壌侵食や周期的な大洪水にさらされて、住処を追われる可能性があるのだ。海面上昇がアジアにもたらす影響については、第Ⅶ章で後述する。

ただし、ここでも、海面上昇が直ちに移民を余儀なくするものではないことに留意しなければならない。移民化するかどうかは、様々な社会経済的な要因の相互作用に左右されるからだ（Hauer et al., 2020）。例えば、先に洪水の項で触れたのと同様、海面上昇の影響を軽減する公的な取り組みによって、移民の発生を抑えることができると期待される。

(2) 移民と紛争

移民は、主に二つのメカニズムを通じて、移住先での暴力的な紛争のリスクを増大させる可能性がある。

①資源と機会をめぐる競争

第一に、移住者と先住者は、土地、仕事、資源、医療・教育その他の社会サービスをめぐって対立することが予想される。特に、移住者の集団と先住者の集団の間に対立の歴史がある場合や、移民の流入によって受け入れ地域の民族バランスが乱される場合には、移住者と先住者との間の政治的緊張が高まりやすい。結果として、紛争につながる可能性が高まると考えられる（Gaikwad and Nellis, 2017）。

資源や機会をめぐる対立が生じたとしても、それを平和的に解決する慣習的なルールが移住者と先住者の間で共有されていれば、暴力的な紛争にまでは至らないかもしれない。特定地域に長年暮らす農民、牧畜民、あるいは各民族は、それぞれの地域のなかで、そうした独自の慣習的ルールを有している場合がある。しかし、移住者と先住者が解決ルールを共有しない場合には、両者の間の対立が暴力的な紛争へエスカレートしてしまう可能性が高まるだろう（Adano et al., 2012; De Juan, 2015）。

②他者性

移民が移住先で紛争を招きうる第二のメカニズムは、移民の「他者性」に関わる。しばしば移民は受け入れ地域で「他者」とみなされ、元からの住民と民族的緊張を生じる。さらに「他者性」は、民族的緊張だけでなく、関連する社会経済的緊張の面でも重要な意味を持つ。前述のとおり移民はしばしば先住者と仕事や機会をめぐって競争することになるが、それが移民の「他者性」ゆえに先住者の恨みを買いやすく、結果として紛争を引き起こしかねないと考えられるからである（Olzak, 1994）。

特に、移住が一国の国境を越える場合、「他者性」は国のアイデンティティの問題にまで及ぶ可能性がある（Grant and Shaw, 2016）。受け入れ国の住民は、異なる言語や宗教を持つ移民の流入に圧倒され、潜在的な脅威と感じても不思議ではない。

一般的に、不安は暴力的な紛争につながる最も重要な要因の一つである。いったん不安を感じると、それが実際のものとなるかどうかにかかわらず、不安が不安を呼ぶことがある（Barnett and Adger, 2007）。そのため、移民が実際には政治的、経済的に大きな脅威とならないとしても、移民という「他者」への不安だけで、受け入れ国の人たちが移民を攻撃するに十分な動機となる場合があるのだ。

移民が国境を越えた緊張や紛争の激化につながった例はいくつもある。気候移民に関する事例ではないが、例えば、過去数十年にわたるバングラデシュからインド北部への大量移住は、民族間の緊張と紛争をもたらしてきた（Homer-Dixon, 2010）。ヨーロッパでも、フランスの西アフリカ系移民や英国のインド系移民の集団暴力が観察されてきた（Dancygier, 2010）。加えて、現在のヨーロッパでは、シリア難民が欧州連合（ＥＵ）加盟国間の緊張を引き起こしている。

(3) 気候移民と紛争

ここまでの話は、移民と紛争とを結ぶ一般論である。気候変動の文脈では、資源競争の激化が、移民による紛争の可能性を一層高めそうである。すなわち、人口増加や気候変動によって資源が希少化する場合、そこに移民が流入すると資源競争がさらに激化し、その結果、資源を支配する者と入手できない者の間の不平等が増大して、紛争が引き起こされると考えられる（Hendrix and Glaser, 2007）。こうした議論は「ネオ・マルサス的」と表現される。

① 事例

異常気象が移民を生み、移民の流入が受け入れ地で軋轢を生む構図は、すでに世界の各地で散見されている。気候移民と紛争との関係は、定量的研究ではあまり支持されていないものの、その可能性を指摘する事例研究は少なくない。

例えば、スーダンの南コルドファン州では、1980年頃から2000年頃にかけて大規模な干魃が発生し、遊牧民集団が水を求めて南に移動した。その結果、その遊牧民集団が移動先に元からいた農民と激しく対立することになった事例がある（Chavunduka and Bromley, 2011）。ダルフール紛争初期にも、水資源と植生の乏しい村落から水資源豊かな村落へ住民が移動し、移住先での資源競争を招いた（De Juan, 2015）。同様にインドでも、降雨不順によって国内避難民が増加すると、暴動が発生しやすくなるという報告がある（Bhavnani and Lacina, 2015）。

2021年には、南米ホンジュラスでも気候移民の事例が発生した。ハリケーン来襲などによる困窮状態から逃れようと国境へ押し寄せたホンジュラス移民約9000人に対して、隣国グアテマラ政府が2000人近くの警察官や国軍兵士を国境に配備し、催涙ガスや棍棒を用いて移民の侵入を阻止したのだ。

②懐疑論

ただし、気候変動や異常気象による移民が紛争につながるかどうかは、これまた他の多くの社会経済的な要因に大きく左右されるようであり、未だ決定的な結論には至っていない。前述のとおり気候変動に伴う移民の大量発生という将来予測はあるものの、今のところ気候変動と移民、気候移民と紛争が直接的に関連するという証拠はあまりないのだ。

例えばバングラデシュについては、気候変動の影響が移民発生に関連していること、また、（気候が関連しているか否かにかかわらず）移民が流入した地域では暴動などが増加していることを示唆する研究がある（Petrova, 2021）。しかし、その研究でも、気候変動の影響によって生じた特定の移民集団が暴動を招いたかどうかまでは明らかにできていない。

気候変動と移民および紛争を結びつける決定的な証拠がない大きな理由の一つは、これら諸要因間の複雑な関係を適切にモデル化するのが困難だからである。

移民発生の背景には、多くの要因が存在している。加えて、気候変動や環境変化は、所得など他の要因にも影響を与えてしまい、どこまでが気候や環境の影響で、どこからが違うのかを区別するのが難しい。このため、気候変動や環境変化が移民発生とその結果としての紛争発生に与える影響を正確に把握することは、とても困難なのである。

また、洪水のような突発的災害はその直後に移民や難民が発生するため分かりやすいが、徐々に進行する温暖化や海面上昇などでは移民発生への影響を実証的に推定することが難しいという違いもある。

既存研究のほとんどは、洪水や干魃などの自然災害や異常気象を区別することなく、すべてが同程度に紛争につながりうるものと暗に仮定して分析している。しかし、洪水などの比較的短期の災害による移住は、干魃などの比較的長期にわたる異常気象や気候変動による移住よりも紛争を引き起こす可能性が低いかもしれない。

なぜなら、短期間だけの避難者は、災害が収まれば出身地へ帰る場合が多く、就職や教育などの機会をめぐって先住者と競争する可能性が低いと考えられるからである（Laczko and Aghazarm, 2009）。また、自然災害の際には、国際社会等から人道支援が提供され、水や食料などの資源の不足が緩和される可能性もある。

また、気候移民ないし環境移民に関する既存研究については、国外移住の影響に重きを置きすぎているとの指摘もある。実際には、先進国でも発展途上国でも、激甚な自然災害後に生じる移民は、国境内や出身地の近くに留まることが観察されている。

例えば、米国に甚大な被害をもたらした1992年のハリケーン・アンドリューの際、フロリダ州マイアミ・デイド郡から避難した35万3300人のうち76％が郡内、18％が州内にとどまり、州外に移動したのはわずか6％だったという（Smith and McCarty, 1996）。同様に、2004年のインド洋津波の際に、スリランカ、タイ、インドネシアで発生した避難民も、その大多数が近隣の都市部への移住であったとされる（Naik et al., 2007）。

国境を越える気候移民、気候難民が移動先の国で緊張や紛争の激化を招くことが危惧されているものの、その脅威は誇張され過ぎているのかもしれない。

気候移民と紛争の関連性に関する既存の知見をまとめると、気候変動が移民の増加や紛争のリスク上昇につながる可能性があるという点では、多くの学者たちの意見は概ね一致している。しかし、意見が分かれるのは、多数ある紛争要因のなかでの気候移民の相対的な重要性である。移民と紛争をめぐる現在の文献から言えるのは、気候移民が他の重要な政治的・経済的要因と無関係に紛争を引き起こすことはないだろうということだ。

4　気候と紛争を結ぶその他の要因

ここまで本章では生活条件の悪化や気候移民に関する議論を見てきたが、それらとは別に、気候や気象が紛争や暴動の戦術環境や心理的側面に与える影響に焦点を当てた研究もある。そこで本節では、気候や気象の変化と紛争とを結ぶ経路として、こうした戦術的判断や心理的影響を簡単に紹介しておきたい。

(1)　戦術的判断への影響

気象条件の変化は、人や物資の機動性を左右する物理的環境（例えば道の状態）を変化させる。あるいは、気象パターンの変化や気候の変動は植生を変えるため、周囲の風景に溶け込み敵の目を欺くカモフラージュの適否にも影響を与える。こうして気象や気候に関連する環境変化は、暴力的な略奪や紛争をしかけようとする者の戦術的な判断に影響を与えるのである。

例えば雨季には、降雨や洪水が道路の状態を悪くすることから、兵員の輸送を困難にする。逆に乾季には、感染病が蔓延しにくく、収穫期であるから移動先の食料の入手も可能となる。したがって、乾季には、紛争時の後方支援に比較的手間がかからないため、反政府勢力の蜂起が多くなるという指摘がある（Raleigh and Kniveton, 2012）。

一方、気候や気象が戦術環境に与える影響の研究には、雨季のアフリカにおける家畜略奪の襲撃を事例として取り上げたものが多い。

ケニアの牧畜民へのインタビュー調査によれば、彼らは水と植生が豊富な雨季が襲撃にとって好都合だと考えているという。つまり雨季には、略奪したあとの道中でも十分な水と飼料を確保できるため盗んだ家畜を連れて移動しやすく、家畜も十分な栄養をとっているため長距離の移動に耐えられる。また、草木が生い茂るため隠れやすくて、雨で略奪者の足跡も洗い流されるので好都合なのだ。さらに雨季には、自分たちの放牧地でも牧草が豊かなため少ない人手で放牧が可能であり、若い男たちが襲撃に出かける余裕ができるという面もある（Witsenburg and Adano, 2009）。

実際、家畜の略奪は一年中起きているものの、特に雨季に増加することがいくつかの研究で示されている。ケニアでは、家畜襲撃に関連する死亡者数が雨季には乾季に比べて3倍に増えることが分かっている（ibid）。同様に、エチオピア、ケニア、ウガンダでは植生の厚みと家畜関連の暴力との間に相関があるとする研究（Meier, et al., 2007）や、エチオピア、ソマリア、南スーダン、スーダンでは植生の厚みと武力紛争との相関が見られるとする研究（Rowhani et al., 2012）もある。さらに、エチオピア、ケニア、ウガンダでは、異常降雨で雨の多い時期に共同体間の抗争が発生しやすいとする報告もある（Raleigh and Kniveton, 2012）。

ただし、雨季がアフリカの家畜略奪者に襲撃の機会を与えるという理由だけで、気候変動に関連する将来の降水量や植生の変化が暴力のリスクを高めると結論づけるのは議論の飛躍である（Selby, 2014）。定性的調査でも、家畜襲撃の動機には、気候関連の環境変化、文化的慣習（Ember et al., 2014）、家畜襲撃の商業化（Schilling et al., 2012）など多くの要因が絡んでいると指摘されている。

したがって、将来、気候変動に関連した環境変化が暴力や紛争をたくらむ者たちに好条件を与える場合があるとしても、それが実際に紛争や暴動の増加につながるかどうかは、紛争の要因に関するより広範な文脈のなかで慎重に検証される必要があろう。

(2) 心理的影響

気温や降水量といった天候の変化は、人に不快感を与えるなど、心理的ないし生理的な経路を通じて暴力を誘発することがあるようだ。

気温上昇と攻撃性とを結びつける神経生理学的なメカニズムについて、体温調整と攻撃的行動の両方に関連する神経伝達物質セロトニンの関与を疑う説がある。セロトニンは、脳内の神経伝達物質のひとつで、他の神経伝達物質であるドーパミン（喜び、快楽など）やノルアドレナリン（恐怖、驚きなど）を制御して、精神を安定させる働きをするものである。逆にセロトニンが低下すると、ドーパミンやノルアドレナリンのバランスが崩れ、攻撃性が高まったり、不安、うつ、パニック障害などの精神症状を引き起こしたりするという。周囲の温度が上昇すると、このセロトニンが体温調節のために低下し、それによって攻撃的な行動につながるのかもしれないのだ（Pietrini et al., 2000; Moore et al., 2002）。

例えば米国では、気温の高い時期に家庭内暴力、暴行、レイプ、殺人が多いという調査が複数ある（Jacob et al.,2007; Card and Dahl, 2011; Ranson,2014）。また、暑い部屋と涼しい部屋での被験者の行動を比較したところ、暑い部屋の方が口論や喧嘩が生じる割合が高かったという古い実験結

図3-2　気候変動が紛争に至る経路

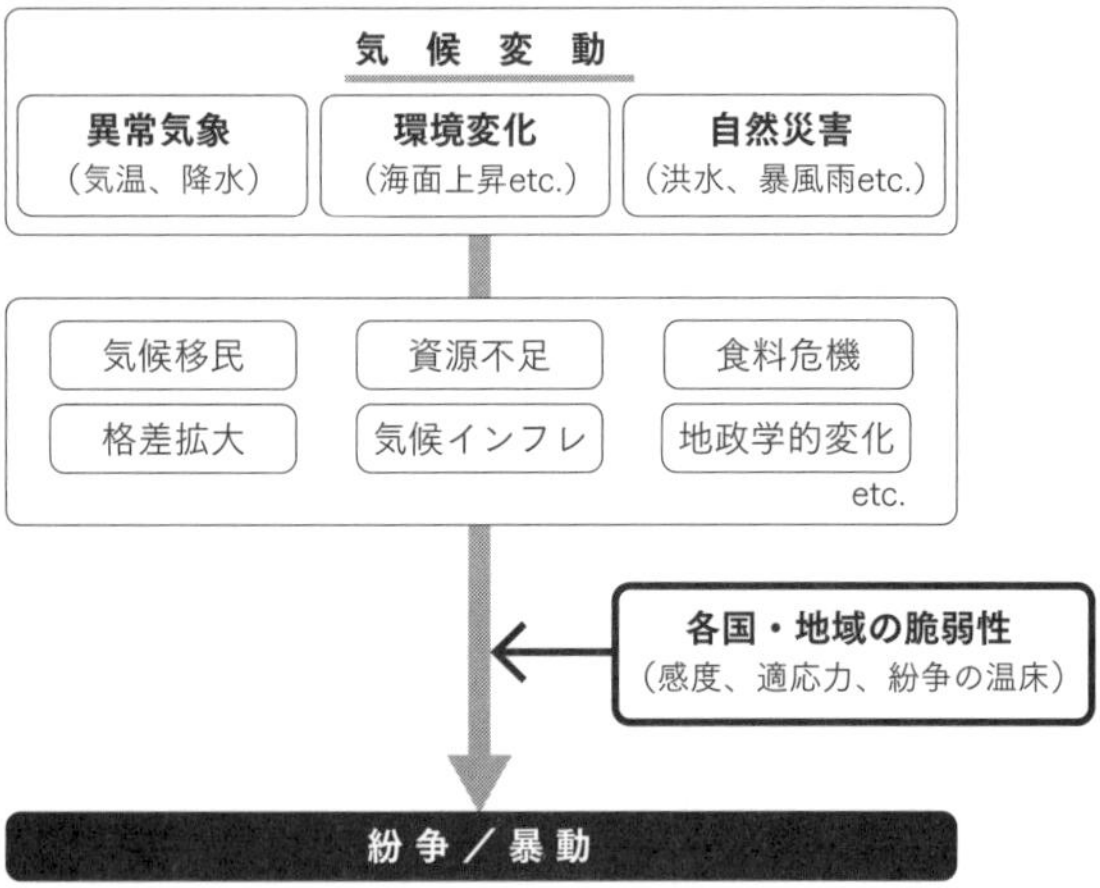

出所）筆者作成

果がある（Rohles, 1967）。同様に、暑い日にはスポーツでの乱闘事件も発生しやすいという指摘もある（Larrick et al., 2011）。

気象条件が影響しうるのは個人間の暴力事件のみではない。メキシコの麻薬カルテル関連の暴力事件を調査した研究によれば、気温の上昇に伴って殺人事件や集団的な抗争が増えるという（Baysan et al., 2018）。この研究結果からは、気象条件によって個々人がより暴力的になるなら、個人間の暴力が集団的な抗争や紛争へとエスカレートしかねないことが示唆される。

これらの事例は、比較的短時間の気象条件の変化が個人の暴力や集団的な紛争に及ぼす影響を明らかにしたものである。一方、厳しい気候条件に継続的にさらされることも、心理的なメカニズムを通じて紛争の発生に影響を与えることを示唆する研究もある。

例えばナミビアでの調査によれば、数年にわたって厳しい資源不足にさらされた牧畜民は、そうした苦境にさらされなかった近隣の牧畜民と比較して、他者への危害をより好む傾向が見られたという（Prediger et al., 2014）。

こうした研究結果は、気候変動や異常気象に起因する紛争の可能性を考える際に、生理学的、心理学的なメカニズムを考慮に入れる必要性を示唆するものである。ただし、気象条件によって個々人がより暴力的になるからといって、それが必ず集団的な紛争へとエスカレートするとは限らない点には注意が必要である。

そもそも気温や気象条件の変化と攻撃的行動とを結びつける神経生理学的なメカニズムについては、まだ十分解明されていない部分があるようだ。他の要因と同じく、心理的な要因についても、気候と紛争をつなぐ複雑な経路のなかの一つの要因として捉え、その影響が大きい場合もあれば影響しない場合もあると考えるべきであろう。

また、気候変動と紛争や暴力をつなぐ心理的なメカニズムについては、これまでの研究では高温がもたらす影響が注目されがちであるが、気候変動とは単に気温が上がることではない。地球全体の平均気温の上昇によって従来の気候システムが変化する結果、局地的な寒冷化などを含む異常気象が増えると予想されている。したがって、気温上昇だけではない気候変動の他の影響が生理面、心理面に及ぼす影響についても注意していく必要があるだろう。

IV

気候安全保障リスクと社会の脆弱性

本書でここまで見てきたとおり、気候変動やそれに伴う異常気象や自然災害などは、多くの紛争要因の一つとして、複雑な因果のプロセスのなかで紛争を招くこともあれば、そうでない場合もある。気候変動により必然的に暴力的な紛争が発生するのではない。

では、気候変動が紛争につながるかどうかを分かつのは、どのような条件なのであろうか？　初期の気候安全保障研究では、気候変動と暴力的紛争の間に比較的単純で直接的な因果関係があるような前提で分析が行わることもあった。しかし、そうした単純で直接的な因果関係については異論が多い。気候変動と紛争との間に因果関係が存在するとしても、その間には他の多数の要因が介在すると考えられる（Buhaug, 2015）。

そもそも、ある社会が気候変動から受ける影響の大小は、①異常気象や自然災害などの強度と頻度（hazard：ハザード）、②影響を受ける可能性のある人口、面積、経済活動などの大きさ（exposure：曝露）、③気候変動に対する社会の脆さ（vulnerability：脆弱性）の3つの要素によって決まるとIPCC第6次評価報告書は整理している。気候変動対策のうち、ハザードを抑える取り組みが緩和策であり、暴露や脆弱性を下げる取り組みが適応策である（IPCC, 2022）。

このうち脆弱性は、①影響の受けやすさ（sensitivity：感度）と②適応力（capability to cope and adapt）によって左右される。それぞれの社会の感度はその環境依存度や経済構造などによって異なるし、適応力もその社会状況やガバナンスなどによって違う（Ide et al., 2014）。気候変動への感度が高くて、適応力の低い地域は、気候変動に対して脆弱だということになる。

しかし、だからと言って、気候変動に対して脆弱な社会がすべからく暴力的な紛争を経験するとは限らない。気候変動が紛争に結びつくかどうかは、気候変動から受ける影響の大きさだけでなく、それが紛争にまでエスカレートする温床があるかどうかにも左右されるからだ。紛争の温床としては、社会の格差、民族間の対立、過去の紛争経験などが挙げられる（Ibid）。

つまり、ある社会が気候変動に起因する紛争を経験するリスク（気候安全保障リスク）が大きいかどうかは、気候変動のハザードや曝露の大きさに加え、これに対する⑴感度や⑵適応力、さらには⑶一般的な紛争要因も考慮に入れて、その社会ごとの脆弱性を見極める必要があるということになる。

【気候安全保障リスク】
気候変動に起因する紛争リスク＝ハザード×曝露×脆弱性（感度、適応力、紛争要因）

そこで本章では、気候安全保障リスクを左右する脆弱性について、気候変動に対する感度、適応力、一般的な紛争要因の観点から検討することにしよう。

1　気候変動の影響の受けやすさ（感度）

ある社会がどれほど気候変動の影響を受けやすいかは、人口密度、社会的弱者の比率、土地利用状況など様々な条件に左右されると指摘されている（Paul et al., 2009; Kumar et al., 2016）。本節では、特に気候変動と紛争との関係において多くの先行研究が指摘する条件として、水資源の多寡と農業依存度を取り上げる。

(1) 水資源の多寡

淡水や牧草地などの多寡は、その地域の気候変動に対する感度を大きく左右する。淡水や牧草地など再生可能資源が不足すると、紛争を招く可能性があることを第Ⅲ章で指摘した。

水資源の多寡は、地球上どこの場所でも同じということはない。水資源が豊かな地域もあれば、気候変動の影響がなくても水資源が乏しい地域もある。もとから水が希少な地域では、気候変動の影響で少しでも降雨が減るだけで深刻な影響を受けることになろう。

特に中東・北アフリカ（ＭＥＮＡ）地域は、世界で最も水不足が深刻な地域とされる。ＭＥＮＡ地域には世界の人口の約６％が住んでいるが、この地域で利用可能な淡水資源は地球上の淡水資源の約１％しかない。このため、世界の年間平均使用可能水量が一人あたり７０００立方メートルであるのに対し、ＭＥＮＡ地域では一人あたり１２００立方メートルにとどまる。加えて、人口の急増と急速な経済成長により、今後数十年でＭＥＮＡ地域の一人あたり年間使用可能水量はさらに減少すると予想される。その結果、２０５０年までには、ＭＥＮＡ地域の3分の2において、一人あたりの年間使用可能水量が２００立方メートルにまで落ち込む可能性すら指摘されている（Zafar, 2021）。

もちろん、先に指摘したとおり、水不足が必ず紛争を呼ぶわけではなく、むしろ協力を促すこともある。しかし、もともと淡水が希少な地域では、気候変動の影響で場所によっては長期にわたり今後さらに希少性を増すと懸念される。それが争いの種となる可能性は否定しがたい。

一方、もともと淡水が豊富な地域では、気候変動の影響が出ても水不足になりにくく、その分、水をめぐる争いが起きる可能性も小さくすむ。もともとの資源の多寡が、気候変動関連の紛争リスクの大小に影響するのだ。

(2) 農業依存度

GDPに占める農業の比率が高い社会や、農業従事者が雇用に占める割合が大きい社会は、気候変動に対して脆弱だと見られている（Carrão et al., 2016）。農業は、異常気象による短期的ショックや気候の長期的な変化に対して敏感な産業だからである。

特に雨水に頼った天水農業は、灌漑農業に比べて、天候不順によって作物が不作となりやすい。発展途上国のなかには、農業への依存度が高く、また灌漑などのインフラが未整備である国も多いため、気候変動の影響が心配されている（Morton, 2007）。

この点でも、アフリカは大きな脆弱性を抱えている。特にサハラ以南アフリカでは、耕作地の約4%ほどしか灌漑されておらず、天水農業への依存度が非常に高い（Theisen et al., 2011）。こうした天水農業への依存は、サハラ以南アフリカを気候変動に対して非常に脆弱にさせている（Hendrix and Glaser, 2007; Jones et al., 2017）。

灌漑施設の整備や耐熱性・耐干性の高い作物への移行といった適切な対応がなければ、サハラ以南アフリカの大部分は、今世紀中に小麦、トウモロコシ、米を含む主食作物の生産に適さない土地になるとも予想されている（Chapman et al., 2020）。

第Ⅲ章で述べたとおり、気候変動によって農作物や家畜の生産が減少すると、収入を失った農民が暴力や暴動に加担したり、食料価格が上昇して政情不安が広がったりというリスクがある。したがって、農業への依存が大きい国や地域は、その分、気候変動が紛争につながりやすいと考えられる（Couttenier and Soubeyran, 2013）。

例えば、4つの主要作物（トウモロコシ、小麦、大豆、米）の年間生産量データを用いて、1982年から2015年の期間を対象に異常気象、農業依存度、紛争との間の関係を調べた研究がある。その研究によれば、農業依存度の高い国は、依存度の低い国に比べて紛争発生の確率が最大で14％高いという（Vesco et al., 2021）。このように農業依存度は、気候関連の紛争リスクを左右する重要な条件の一つだと考えられる。

2　気候変動への適応力

気候変動関連の紛争リスクを考える際、その社会が持つ気候変動への適応力を考慮する必要がある。適応力は、気候変動の影響を軽減する能力である。それぞれの社会の適応力は、その社会ごとの制度や習慣によっても異なりうるし、ガバナンスの善し悪しによっても変わりうる。また、保険医療や教育といった社会サービスのレベルは、社会的に弱い立場にある高齢者や子供たちが気候変動の影響に対処する能力に大きく関わる。本節では、こうした気候変動に対する適応力を左右する要因について見てみよう。

(1) 制度・慣習

気候変動への適応力を左右する一つの条件は、それぞれの社会が持つ制度である。ここで制度とは、警察、司法、政治システムなどのフォーマルな制度だけでなく、伝統的な規範や慣習といったインフォーマルな制度も含む。

こうした制度や慣習は、ある集団が限られた資源や機会をめぐって利害対立する場合に平和的解決を導くものとなる。逆に、そうしたフォーマル、インフォーマルの制度が機能しない場合には、集団間の利害対立をうまく解決できず、それがときに暴力まで発展してしまう恐れを高める（Linke, et al., 2018)。

例えば、スーダンで1971年に行われた伝統的指導者の廃止は、土地をめぐる農民と遊牧民との間のインフォーマルな紛争解決のメカニズムを崩壊させ、両者の間の対立を激化させることになった。

それまでスーダンでは、土地の権利承認、ルール執行、交渉仲介などはその地域の伝統的指導者の権威の下で成立していた。ところがときの政権は、こうした伝統的指導者の存在を原始的で経済発展の妨げになるものと見なして、これを廃止したのである。

おりしも、当時のスーダンは、すでに恒常的な干魃、持続不能な土地利用、政府による強制的な土地収用など様々な複合要因によって、農民と牧畜民の間で土地をめぐる対立や紛争が頻発するようになっていた。こうした紛争を平和的に解決するはずだった伝統的制度が失われたことによって、両者の間の対立は激しさを増すようになったのである（Suliman, 2010; Chavunduka and Bromley, 2011)。

また、「アフリカの角」と呼ばれるアフリカ大陸東部地域（エチオピア、ソマリア、ケニア、ジブチ、エリトリア）では、共通の規範や価値観を持たない集団同士の接触が増えた結果、家畜の略奪が頻発化するようになったと言われる。

アフリカの角の放牧地では、ラクダを主に飼養するソマリ族の各氏族や、ウシを飼養するガレー族、ポラナ族、オルマ族といった牧畜民が暮らしている。同じ氏族や民族の間では、伝統的な規範によって家畜の略奪は抑止されてきた。しかし、干魃などの影響でソマリ族らが牧草地を求めて移動することにより、規範や価値観を共有しない別の氏族や民族との接触が増えた。その結果、以前よりも家畜の略奪やそれへの報復行為が頻発するようになり、激しさも増すようになったという(Van Baalen and Mobjörk, 2018)。

一方、制度の存在が紛争の回避に貢献していると見られる例も報告されている。例えば国際河川のように複数の国にまたがる水資源については、過去数十年の間に共同利用に関する国際協定の数が増加していることを先に指摘した。こうした協定によって水資源の分配や利害調整のルールが制度化されることで、関係国間の対立が緩和されているという（De Stefano, 2012; Tir and Stinnett, 2012)。

インフォーマルな慣習が紛争の回避に役立つ例もある。ケニアの牧畜民のなかには、干魃時に井戸を共有し、争いを起こさないようにする慣習を持つ集団があるという（Adano et al., 2012）。また、自然災害と紛争の関連性を定量的に分析した研究のなかにも、自然災害の後では人々は対立するよりもむしろ協力する習性があると報告している研究もある（Slettebak, 2012）。

そのほか、人々の間の信頼関係や助け合いの規範の重要性を指摘するものもある。人々の間の信頼関係、規範、ネットワークは社会関係資本（social capital）と呼ばれる。例えば、大きな災害が起きたとき、社会関係資本が発達した社会では、経済的な利害関係を超えて「お互い様だから」と助け合う姿が見られる。

一方、社会関係資本が希薄な場合、そのような助け合いは行われず、むしろ略奪や暴動などが起こる可能性がある。同様に、社会的な孤立は、自然災害の発生時やその後の支援時に他者の助けを得る可能性を下げるものであり、自然災害に対する個人の脆弱性を大きく高めると考えられている（Mathbor, 2007; Griffiths and Evans, 2015）。

⑵　社会開発レベル

ある国や地域が気候変動の影響にどれほど適応できるかは、物理的なインフラや社会サービスの整備状況によっても異なりうる。

まず、異常気象への備えとして、インフラ整備は重要である。前述したとおり灌漑システムは、一時的な降雨不足や干魃の影響から農業を守る。それ以外にも、異常気象や自然災害の影響から身を守れる建物や、大雨の際などでも人や物の移動が可能な舗装道路などといった物理的インフラは、気候変動の影響を大きく緩和するものである。裏を返せば、こうしたインフラが整っていない地域は気候変動に対して脆弱だということになる（National Research Council, 2013）。

物理的インフラだけでなく、社会サービスの水準も重要だ。例えば、保健医療が適切に提供されていない地域は、その分だけ気候変動に対して脆弱だとみなされる。気候変動が紛争を招くケースの一つとして、食料危機による困窮が人々を紛争や暴力に駆り立てると第Ⅲ章で述べた。そうした食料危機の影響は、保健医療によって人々の栄養状態や健康を改善できれば、いくらか軽減することができるからだ（Rowhani, 2010）。

また、アフリカのマリやセネガルで行われた研究では、教育が環境変化に対する住民たちの脆弱性を下げ、環境移民の発生を減少させることが報告されている。これは、教育を受けた子供たちが、農業など環境変化に敏感な一次産業ではなく、オフィスワークなど環境変化に影響されにくい職業に就くようになるためだと考えられる。逆に、義務教育を十分に受けていない者は、教育を受けた者に比べて、環境変化に対して脆弱になりがちだという（Van der Land and Hummel, 2013）。

そのほか、都市の人口吸収余地も、その社会の気候変動への適応力を左右しうる。特に発展途上国では、物理的なインフラや社会サービスが整わない都市部に、気候変動に起因して農村部からの移住が増えると、紛争につながりやすいという指摘がある（Reuveny, 2007）。

異常気象や自然災害によって農業収入が減少すると、農村部から都市部へと気候移民が生じうる（Barrios et al., 2006）。しかし、そうして急速に人口が増えた場合、都市での住居、電気や水道、衛生環境、その他のインフラや社会サービスの供給が追い付かなくなりかねない。そうなると、新旧の都市住民が、インフラや社会サービスを十分に提供できない政府へ不満を募らせるなどして、暴動や紛争を起こすと危惧されるのである（Bhavnani and Lacina, 2015）。

(3) 政治体制

気候変動への適応力に関わるもう一つの重要な要因は、政治体制の違いである。灌漑システムや整備された道路などの物理的インフラが適応力を左右することは前述した。したがって、これらを政府が十分に提供できるかどうかが、その社会の気候変動に対する脆弱性に影響する。同様に、医療、教育、経済不況時の生活支援などの社会サービスについても、これを提供する政府の能力が高ければ、環境変化に直面しても秩序と安定を維持する社会の適応力は高くなる。

①ガバナンス能力

この点、ガバナンス能力の高い政府であれば、気候変動の課題に対処するための適切な計画を立て、それを着実に実行するとも期待される（Barnett and Adger, 2007）。対照的に、政治的不安のある地域や、政府が適切な物理的インフラや社会サービスを提供しない地域では、脆弱性が増大する傾向がある（National Research Council, 2013）。

例えば、低海抜地帯の海面上昇は、必然的に気候移民の発生をもたらすかといえば、必ずしもそうではない。アルプスを源流とするライン川、マース川、スヘルデ川の三角州にできた国オランダは、国土の4分の1が海面より低い。何世紀にもわたって洪水に見舞われてきたこの地では、これまでもダム、堤防、水門、閘門など大規模な治水工事が行われてきた。２００９年には、今後数十年間に生じる海面上昇等の影響に対処すべく、持続可能な洪水対策および淡水確保のための「デルタ・プログラム」がとりまとめられた。このデルタ・プログラムの財政的裏付けとして、２０２０年から２０２８年の間、毎年最低10億ユーロ（約１３００億円）を基金として拠出することとされている（Government of Netherlands, 2022)。

ガバナンス能力の高い政府は、このように適切な計画を立て、必要な物理的インフラを着実に整備することで、気候変動に対する脆弱性を低減させると考えられる。

一方、逆に気候変動がガバナンス能力を低下させる可能性もある。政府の財政は、現在の気候条件に依存した経済活動への課税によって支えられている。このため、気候変動によって経済活動が停滞すれば、税収が減少して、国家の社会支出や内乱に対抗する能力を低下させる可能性が指摘されている（Hsiang, 2010; Barrios et al., 2010; Dell et al., 2012)。

また、気候変動によって農業従事者などの所得が減少すれば、彼らは政府による救済の要求を強めるだろう。こうした民衆からの要求も政府の財政を圧迫することになる。政府が民衆の要求に十分応じられなければ、民衆が暴動を起こすことが危惧される（Bergholt and Lujala, 2012; Hendrix and Salehyan 2012)。

すなわち気候変動は、政府の財政力とガバナンス能力の低下を招くと同時に、政府の能力不足に対する民衆の不満をも高めることで、反政府暴動や紛争のリスクを増大させる可能性があるのだ。

②民主主義体制

前述のとおり、異常気象や自然災害に起因する農業生産や食料価格のショックは、ガバナンス能力の高い政府によって適切に管理されれば、必ずしも暴動や紛争につながらない。

この点、ガバナンス能力の高い国や地域の政治指導者は、一般的に、異常気象や自然災害に際して必要な経済支援、インフラ整備、社会サービスを市民に提供して政治的支持を得るインセンティブを持つ（Bueno de Mesquita and Smith, 2017）。

特に民主主義国家は、政府が市民に対して説明責任を負い、政府が市民の監視下にあるため、経済支援、インフラ整備、社会サービスの提供に政府が積極的に取り組む傾向がある。そのため民主主義国家は、気候変動が引き起こす紛争に対して比較的強靭であるとされる（Salehyan, 2008）。

例えば、かつてインドでは、干魃による不作で農村住民が経済的に困窮すると、たびたび暴動が起きていた。統計的には、降水量が１％減ると暴動が０・８６％増加する傾向が見られたという。しかし、すべての農村世帯に最低所得を保証する「全国農村雇用保障法」をインド政府が２００６年に導入したところ、干魃による不作が暴動につながることはほとんどなくなったという（Fetzer, 2014）。所得保障によって農業従事者の所得が安定し、干魃から影響されにくくなったためだと考えられる。

③法の支配

また、社会の平和と安定は、政府による法と秩序の担保に基礎を置く。そのため、これらを担保する政府の力が弱い状況では、法律が適切に施行されなかったり、暴力による支配が拡大したりする可能性が高まる。

そのため法の支配が弱い国は、反政府勢力の挑戦に適切に対応できないことが多く、結果として、（必ずしも気候変動に起因するものとは限らないが）より多くの内戦を経験するという指摘もある（Fearon and Laitin, 2014）。

例えばタンザニアでは、数十年にわたる悪政と腐敗が警察や司法への信頼を低下させた結果、土地をめぐる暴力的紛争が頻発するようになったとされる。タンザニアでは、法的問題に対する地方政府の無力さ、市民の教育不足、政策や法的枠組みに対する市民側の認識不足などが相まって、土地に関する公式、非公式の取り決めが効果的に実施されないという。こうした法の支配の崩壊が、この国で頻発する土地をめぐる暴力的紛争の背景にあると指摘されているのだ（Benjaminsen et al., 2009）。

(4) 市場、技術、知識、金融へのアクセス

農林水産業者などが収入源を多様化したり何らかの対策を講じたりして気候変動の影響を乗り越えようとする場合、適切な市場、技術、知識、金融サービスへのアクセスがあるか否かが、その成否を大きく分ける。つまり、これらのアクセスは、気候変動に対する適応力を左右する条件の一つなのである。

市場アクセスがなぜ必要なのか？　例えば、干魃の影響で牧畜業からの収入が減少した集落が、

それへの適応策としてバスケットを織って収入源にしようとした事例がある。その事例では、バスケットを売ることのできる市場にアクセスできなければ、収入減少にうまく適応できないことが指摘されている（Schilling et al., 2014）。気候変動によって収入減少に見舞われる人々が新たな収入源を確保しようとする場合、そのための新たな市場へのアクセスが必要なのである（Raleigh et al., 2015）。

気候変動に適応した技術を利用できるかどうかもまた、個々人や集団の適応力に大きく影響する。例えば農家であれば、干魃など気候変動の影響に強い新たな品種を手に入れられるかどうかが、適応力を分けるだろう（Carena, 2013）。また、農地の上に太陽光パネルを適切な間隔で設置することで、強すぎる日差しや乾燥から作物を守りつつ、売電収入を得るような技術も提案されている（Sekiyama and Nagashima, 2019）。

ほかにも、気候変動に適応し、資源の枯渇を防ぐために利用可能な技術は数多い。次章で紹介する気候工学も気候変動に対応する技術の一例である。気候変動への適応力は、こうした技術を利用できるかどうかによって大きく異なりうる。

ただし、そうした技術を利用するには資金が必要である。気候変動によって収入に影響を受ける農家が、そうした気候変動の影響に強い品種や作物の作付け、新たな農業技術や施設の導入、農業から他業種への転換など、様々な適応策を実施するにあたって、手元資金が足りないケースがあることは容易に想像できる。

そうした際に、理にかなった条件で融資を受けたり出資を得たりする金融サービスが利用できなければ、有効な適応策を実施する意思と機会があっても実現しえない。

金融サービスの利用可否が適応力を左右するのは農業従事者に限らない。他の職種に従事する人々にとっても、必要な資金を確保できなければ、気候変動の影響に対応して新たな収入源を開拓することは困難になる。そのため金融サービスへのアクセスも、気候変動に対する適応力を左右するのである。

3 紛争の温床

異常気象や自然災害への感度が高く、適応力の低い社会は、気候変動に対して脆弱だと言える。しかし、そうした社会がすべて気候変動に起因する紛争に直面するとは限らない。気候変動は多くの紛争要因の一つであるが、それが実際に紛争につながるかどうかは、他の紛争要因の有無にも大きく左右されるからだ。

一般的に、民族・宗教間の争いは、一国内の内戦でも国家間の対立でも、紛争要因としてしばしば指摘される。ほかにも、所得水準の低さ、経済成長率の低さ、政情不安、非民主的な政治体制、小規模な軍備などは、内戦発生との相関が高いと指摘されている（Hegre and Sambanis, 2006）。

本節では、こうしたいわば紛争の温床となる要因のうち、気候安全保障との関連でしばしば指摘されるものをいくつか紹介しておこう。

(1) 民族間の対立・差別

文化や宗教の異なる民族間の争いは、気候安全保障の文脈においても、紛争の温床としてしばしば指摘される。異常気象や自然災害が契機となって紛争に至ったケースにおいて、その背景に民族間の争いが存在することは少なくない。

例えば2003年にスーダンで発生したダルフール紛争も、第Ⅲ章で指摘したとおり、過去の干魃に端を発した民族間の対立が背景にあって起きたものである。ダルフール地方には多くの民族が居住しているが、大別すると非アラブ系の定住農民とアラブ系の遊牧民に分かれる。両者はいずれもイスラム教徒であるが、その文化や生活様式の違いから長年対立し、特に水や土地をめぐって争ってきた。こうした民族対立を背景に、ダルフール地方の非アラブ系反政府組織がアラブ系を中心とする現スーダン政府軍を攻撃して始まったのが、ダルフール紛争である。紛争発生後も、アラブ系の民兵組織が同じくアラブ系の政府軍の支援を得て、非アラブ系の住民や反政府組織を攻撃し、紛争は激化した（Kevane and Gray, 2008）。

また、民族間の政治的・経済的差別も、暴動や紛争の遠因になりやすいとされる。社会の片隅に置かれた人々は、経済的機会や政治的権威へのアクセスが限られる。そのため、異常気象や自然災害にさらされても、政府からの支援を得たり、適応策を講じたりすることが難しい。その結果、気候変動によって生活苦に追いやられやすく、そこから逃れる手段として暴力的行為を選ぶ機会費用も低い（Raleigh, 2010）。異常気象や自然災害と紛争との関係を調べた研究においても、民族的・

政治的に差別された集団は紛争を引き起こしやすい傾向にあることが指摘されている（Theisen et al., 2011; Ide et al., 2020）。

特定の民族に対する政府の偏った介入が、紛争に結びつくこともある。例えばウガンダなど東アフリカの一部の国では、牧畜を原始的で経済発展にそぐわないものと見なして、牧畜民を政治的に疎外したり、定住化を進めたりする政策が採られた。こうした政策によって移動を制限された牧畜民は、厳しさを増す干魃の影響も相まって、定住農民との間で土地や水をめぐって頻繁に争うようになったという（Inselman, 2003）。

このように、民族間の対立や格差が存在する状況を異常気象や自然災害が襲うと、その対立や不満が紛争や暴動へと発展しやすいのだと考えられる。

(2) 過去の紛争

ここまで本章で述べてきた社会開発レベルの低さ、政治体制の問題、差別や格差の存在などと並んで、気候安全保障の専門家が気候に起因する紛争の発生につながる条件として口を揃えるのが、過去の紛争の歴史である（Mach et al., 2019）。

紛争は、しばしば「歴史的な根」の深い問題として語られる。確かに歴史は、現代を理解し、未来を予測するうえで重要である。何十年、何世紀も前の歴史的出来事が今日の紛争の背景を形成したり、その可能性を高めたりすることはある。実際、アジア、アフリカ、中東においては、1945年以前の植民地時代（特に19世紀）に戦争を経験した地域で、独立後も内戦が起きやすいという統計分析の結果がある（Fearon and Laitin, 2014）。

なぜ過去の紛争経験が今日に影響するのだろうか？　一つの仮説として、その地域の地形や社会に紛争を招きやすい特徴があるのかもしれない。例えば、天然の良港や生産性の高い土地は、軍事的な争奪を引き起こしやすいと考えられる。また、山岳、砂漠、ジャングルなどの荒れた地形はゲリラの活動を利する。あるいは、もともと対立を繰り返してきた民族の存在も考えられよう（ibid）。

他方、過去の紛争が何らかの禍根を残すという説もある。過去の紛争は相手に対する敵意を生み出し、ときに世代から世代へと受け継がれる。また、紛争は、平和を維持するためのガバナンスや社会制度を破壊してしまうために、過去の紛争がその後の紛争リスクを高めるのだということも考えられる。さらに、過去の紛争が戦闘組織、戦闘知識、武器の在庫といった形で次の世代に引き継がれ、新たな紛争を招くということもあろう（ibid）。

特に、近い過去に紛争を経験した集団には、紛争相手への恨みや不満、武器の在庫あるいは紛争の温床となる民族・宗教間の争いや資源や土地をめぐる対立などが存在する可能性が高い。そのため、比較的最近の紛争経験は、近い将来の紛争を予測するうえで考慮すべき重要な条件の一つだと考えられている（Hegre and Sambanis, 2006）。

(3)　非民主的体制

もう一つ、紛争の温床として気候安全保障の文献でもしばしば指摘されるのが、非民主的体制の影響である。気候変動への適応力の文脈で触れたとおり、民主主義体制では、投票などを通じて国民は政府に対して政治的要求を行うことができ、政府は国民の要求に対して制度的に責任を負う。人々の間の争いも、独立した司法によって仲裁される。一方、非民主的な体制では、暴力をもってしか政治的な要求や争いの解決を行うことができない場合があり、それがエスカレートすれば暴動や内戦に至りうる。

1980年から2004年までの期間を対象に世界各国を比較したある分析では、非民主的な国ほど異常気象による経済低迷が内戦につながりやすいと報告されている（Koubi et al., 2012）。気候の変化と紛争の発生との相関を調べた別の研究でも、独裁国家は異常気象のショックに弱く、例年と気候が違う年の後には紛争が起こりやすくなるとされる（Klomp and Bulte, 2013）。

また、多数派民族やエリート層など政治的な力のある集団の利益を優先するばかりで、少数派や社会的弱者などの多様な価値観をすくい上げられない意思決定の国は、内戦を経験する可能性が高いという（Zografos et al., 2014）。

例えば、東アフリカでしばしば起きる牧畜民と農民との間の対立は、降雨量の変動や土地の劣化という環境変化が契機になることが多いものの、農民の利益を優先した政策に対する牧畜民の不満の爆発という側面もあるという（Snorek et al., 2014）。

他にも、民主的な国ほど非民主的な国よりも水をめぐる紛争の報道件数は多いが、暴力的な紛争は少ないという研究結果もある（Böhmelt et al., 2014）。これは、民主的で政治的自由の保障された国では、メディアを通じて対立する意見が表に出てくるが、それが暴力的な紛争に発展することは回避されるということのようだ。

このように、異常気象や自然災害は、非民主的な体制の国において特に紛争を招きやすいのだと考えられる。

4　気候安全保障リスクの低減

以上のとおり、気候変動の影響が紛争の発生までエスカレートするかどうかは、社会ごとに異なる脆弱性（気候変動への感度、適応力、紛争の温床）に大きく左右される。同程度の異常気象や自然災害に直面したとしても、脆弱性が小さい社会では気候紛争が生じにくいが、脆弱性の大きい社会ではリスクが高い。

裏を返せば、気候安全保障リスクの高い社会であっても、その脆弱性を下げることができれば、紛争を回避する可能性を高めることができるということである。そこで、気候安全保障リスクの低減について考えて、本章を終えることにしたい。

(1)　気候変動適応による紛争リスクの低減

一般的な紛争リスクの低減と気候変動への適応の間には、相乗効果がある（Mach et al., 2019）。気候変動に対する脆弱性と紛争に対する脆弱性は、類似した条件によって決まるからだ。例えば本章では、資源不足、貧困や低開発、政治体制の問題などを気候変動に対する脆弱性を左右する条件として指摘した。これらの条件は、気候変動の文脈でなくても、一般的に紛争を招きやすいものである。こうした気候変動と紛争の両方にまたがる脆弱性の条件に対処することで、気候変動と紛争の間の経路を断ち切ることができると期待される。

①農業・農村開発

気候変動への脆弱性低減と一般的な紛争予防を両立する一つの方策は、農業分野や農村の開発だ。例えば、灌漑施設の整備、農作物の多様化、乾燥や高温に強い種の開発、収入減少に備える農業保険、食糧備蓄の制度化、気候変動適応に関する農民教育などが、農業・農村開発の具体策として挙げられる（Hendrix and Salehyan, 2012; Buhaug et al., 2015）。

こうした取り組みは、農村部の貧困削減や食料安全保障の実現を通じて紛争予防につながるだけでなく、異常気象や自然災害の際にも農民らが生計を維持できるようにする。

②ガバナンスの改善

また、途上国政府のガバナンスの改善も、気候変動脆弱性と紛争リスクの双方を低減するものとして、しばしば指摘される（Pearson and Newman, 2019）。ガバナンス不全の体制では、住民の不満がたまりやすく、それが反政府暴動や紛争を招くことになる。特に異常気象や自然災害の際には、住民の政府に対する支援要求が高まる一方、政府の財政力が低下しやすい。

そこで、こうした住民の不満に政府が適切に対応できるよう、医療、教育、生活支援など社会サービスの改善、政府の意思決定の透明性向上、住民の政治的自由の確保、制度的不公平の解消、紛

争調整制度の確立、移民の社会統合管理などが提案されている（Hendrix and Salehyan, 2012）

③気候変動適応の副作用

なお、紛争は、インフラの破壊、社会サービスの低下、経済の停滞などの経路を通じて、予期せぬ結果として気候変動への脆弱性を増大させてしまう可能性もある。

反対に、気候変動への適応策による脆弱性の改善が、紛争のリスクを高めてしまうこともある。例えば、気候変動に関連した作物の不作に際して外国への食料輸出を制限することは、自国にとっては気候変動適応だが、その輸入国にとっては食料安全保障を脅かす行為であり、対立を招く。また、気候変動によって起こりうる自然災害への適応策として、特定の集団を強制移住させるような政策も、住民間の不満を高め、反政府暴動や集団間紛争などのリスクに影響を与える可能性がある。気候変動の適応策を実施する際には、その影響を多角的に考慮する必要があるということだ。

(2) 環境平和構築

気候変動のような環境問題への取り組みを通じて平和を達成しようというアプローチは、環境平和構築（environmental peacebuilding）と呼ばれる。環境平和構築の定義は論者によって差があるものの、幅広い文脈を包括するなら「紛争の予防、緩和、解決、復興に向けた環境問題の管理」（Ide et al., 2021）あるいは「紛争当事者間の協力による平和と安定を目指した紛争前、紛争中、紛争後における環境管理」（Krampe et al., 2021）だと言える。

環境平和構築の議論は、１９９０年代後半の環境安全保障研究への反動として生まれた。特に２００２年に*Environmental Peacemaking*と題した書籍（Conca and Dabelko, 2002）が米国で出版されたのをきっかけに、一つの研究分野として発展してきたものである。

その後、この研究分野は、①気候変動への対応、②天然資源と平和、③自然災害と平和、④紛争の環境への影響、⑤平和交渉における環境要因、⑥共有資源が促す協力の可能性などに焦点を当てた豊富な実証研究を生み出してきた（Krampe et al., 2021）。

では、環境や資源の持続可能な管理が、なぜ紛争の予防、緩和、解決、復興に貢献しうるのだろうか？　前述したような生計の安定という経路に加え、従来の研究で提起されているのは以下の二つのメカニズムである。

①緊張緩和

まず第一には、持続可能な環境や資源の管理が、当事者間の緊張の原因となりうる問題を緩和しうるからである。

土地、水、魚、その他の資源に関連する緊張は世界の多くの地域に存在する（Ide, 2015）。同様に、化石燃料や鉱物資源から得る利益の不公平な配分に対する不満は、武力紛争の触媒となってきた（Lujala and Rustad, 2012）。さらに、武装グループは、宝石、金属、その他の天然資源を武力紛争の資金源としてきた歴史もある（Le Billon, 2013）。

天然資源を適切に管理できれば、こうした紛争の芽をつむことができると期待される。

②信頼醸成

持続可能な環境管理が平和を促進しうる第二の理由は、共同での資源や環境の管理が当事者間の相互依存、コミュニケーション、予測可能性を深化させ、連帯と信頼を構築するからだという。

例えば、水資源をめぐる対立は、武力紛争にまでエスカレートすることは稀であり、代わりに国家間の協力によって解決されることが多い（Delli Priscoli and Wolf, 2009）。水資源をめぐる外交は、国家間の疑念を取り除き、相手国の行動の不確実性を下げ、相互利益の機会を増やすとされる（Conca, 2018; Krampe et al., 2020; Krampe and Gignoux, 2018）。実際、水資源をめぐって構築された二国間協力の枠組みが他分野へと波及することもしばしばある（Swain, 2015）。

水以外にも、国境をまたいだ環境保全地域や平和公園の設定は、国家間協力を促すものとして注目されている。例えば、国境付近の非武装地帯を環境保全地域に変えることで、当事国間では、国境の分断ではなく、環境保護や生物多様性保全に焦点を当てた議論が可能となる。このような協力関係は、国家間の信頼を高めると同時に、エコツーリズムなどを通じて地域社会に経済利益を生むことにもなりうる（Ali, 2007）。バルカン半島（Walters, 2015）、北朝鮮と韓国の非武装地帯（Healy, 2007）、パキスタンとインドの国境（Swain, 2009）などについて、平和公園の設定を提案する動きも、同様の趣旨にもとづくものだ。

以上のとおり、気候安全保障リスクに関する各社会の脆弱性は、不変でも所与でもない。よく計画された気候変動適応策や環境平和構築の取り組みは、気候紛争のリスクを下げ、紛争の予防、緩和、解決、復興に貢献するものとなりうるのだ。

V

気候変動と紛争をめぐる論争

ここまで本書で紹介してきたとおり、気候変動と紛争との関連性については、必ずしも意見の一致があるわけではない。特に統計解析を用いた定量的研究においては、気候変動と紛争との相関関係は明確でないとする研究も少なくないのだ。ＩＰＣＣ第６次評価報告書も、気象や気候の極端な現象が、紛争の期間、深刻さ、頻度に影響することを認める一方、その統計的な関連性は必ずしも強くないとしている（IPCC, 2022）。

気候変動と紛争に関する研究では、多数のデータを用いた統計解析が支配的な分析手法となってきた。２００７年からの10年弱に国際的評価の高い学術誌に掲載された気候安全保障関連の論文のうち、約60％が統計解析を分析手法として用いたものであった（Ide, 2017）。

統計解析にもとづく研究では、回帰分析などの手法を用いて、気候データと紛争データとの間の相関関係の有無を調べる。ある一つの国だけを対象に分析するものもあるが、多くの気候安全保障研究では複数の国々（とはいえ、ほとんどはアフリカ諸国）を対象にデータを集めて分析している。

たしかに統計解析は、相関関係や因果関係を厳密に推定しうる強力な分析手法たりうる。統計解析では、紛争の発生率や期間（従属変数）と、それに影響しそうな気温や降水量の変化など（独立変数）との間に相関が見られるかどうかを、多数の事例やデータから推論する。慎重に準備された統計解析において従属変数と独立変数の間に有意な相関が見られれば、その相関は偶然ではなく、他のよく似た事例でも同様の相関が存在する可能性が高いと言うことができる。

しかし、本章で紹介するとおり、気候と紛争の統計解析には分析上の制約や改善の余地があるのも事実だ。少なくとも、統計解析で有意な相関を検出できない場合があるからといって、気候と紛争との間の関係を否定することは必ずしも適切ではない。気候変動や異常気象と紛争との間に何らかの因果的なつながりを見出している定量的研究や定性的研究も少なくないからである。

そこで本章では、統計解析の長所と短所から生じた気候安全保障研究の論争とその背景を紹介しておこう。

1 カリフォルニア学派とオスロ学派——社会的・政治的要因をめぐる論争

1990年代の環境安全保障研究においてホーマー・ディクソンを中心とするトロント・グループとベヒラーのベルン・チューリッヒ・グループとが議論を戦わせたのと同じように、2007年以降の気候安全保障研究でも北米とヨーロッパの研究者が論争を繰り広げた。

スタンフォード大学の著名な生物学者ポール・ラルフ・エーリック編集の下で2007年の『米国科学アカデミー紀要』（PNAS）に掲載された論文「近代人類史における地球規模の気候変動、戦争、人口減少」（Zhang et al., 2007）が、気候安全保障研究の興隆にとって大きな契機となったことは第I章で述べた。

これに刺激を受け、スタンフォード大学のバークやカリフォルニア大学バークレー校のシャンなど、主に米国カリフォルニア州を拠点とする計量経済学者や計量政治学者らを中心に、様々な定量的手法で気候変動と紛争の関係を分析する研究が相次いだのだ（Burke, 2009; Hsiang, 2011 など）。

彼らカリフォルニア学派の研究者たちは、異常気象と紛争との間に有意な相関を見出す分析結果を得て、今後の気候変動も紛争への影響が懸念されると主張した。

一方、こうしたカリフォルニア学派の研究は、ヨーロッパを拠点に平和と戦争について研究する政治地理学者らを中心に、議論の対象となってきた。特にノルウェーにあるオスロ国際平和研究所のブハウグは、バークやシャンらの研究について、第Ⅱ章で述べたとおり分析上の不備を指摘し、自らの分析では気温とアフリカの内戦との間には相関関係が見出されなかったと報告した（Buhaug, 2010, 2015; Buhaug et al., 2014）。

気候変動と紛争との相関について、なぜ正反対の意見が出たのだろうか？　カリフォルニア学派とブハウグらオスロ学派との意見の相違は、分析にあたって用いる方法や仮定の違いに起因するものである。特に彼らは、紛争の背景にある社会的・政治的な要因を分析に組み込むべきかどうかで、大きく意見が分かれた。

カリフォルニア学派の学者たちは当初、社会的・政治的な要因など様々な要因を分析に含めると気候変動の影響を正しく評価できないと考え、分析に用いる要因は少なくすべきだと考えた。対照的にオスロ学派の研究者らは、民族的な差別、脆弱な経済、冷戦構造の崩壊といった一般的な紛争要因を分析から除外してしまえば、紛争要因として気候変動の影響をむしろ過大評価することになってしまうと考え、こうした社会的・政治的な要因も分析に含めるべきだと批判したのだ（O'Loughlin, 2014）。

こうしたカリフォルニア学派とオスロ学派との間の論争は、その後の気候安全保障研究の発展に大きな影響を与えることになった。今では、気候と紛争の関係を考える際には、社会、政治、経済など様々な背景要因を考慮に入れる必要があるという理解が広がっている。

2　統計解析の難しさ

しかし、気候の変化と紛争との間の関係が、事例ごとに特有な社会、政治、経済など様々な背景要因によって大きく左右されるとすれば、それを統計解析によって一般化可能な形で検出するのは容易ではない。

気候と紛争との相関関係に関する統計解析の結果がなかなか一致を見ない一つの大きな理由は、こうした複雑で個別事例ごとに異なる因果プロセスを統計解析に反映させることが難しいためだと考えられる。

ここでは、統計解析による定量的な気候安全保障研究に向けられた代表的な批判として、データ入手の限界および恣意的な仮定という二つの問題を指摘しておこう。

(1)　データ入手の限界

信頼できる統計解析を行うためには、一定数以上の定量化可能なデータを集める必要がある。しかし、気候と紛争との関係について、統計解析に必要なデータを必ず入手できるとは限らない。これが、統計解析による気候安全保障研究の難しさの一つである。

例えば、気候変化と紛争との関係を統計的に明らかにすることを目指した初期の研究は、戦闘関連死が1000人以上の大規模な内戦や国家が当事者となっている紛争だけを分析対象とするものがほとんどであった。これは、当時そうした単位の紛争データしか入手が難しかったことが大きな理由である。そのため、当初の気候安全保障研究では、小規模な紛争が統計解析の対象からは外れてしまっていた。

その後2010年頃から、より幅広い規模や範囲に関する紛争データベースが相次いで利用可能になったことで、共同体間の小規模な争いや死者を伴わない騒乱あるいは国境をまたいだ集団間の紛争などと気候との関係を調べる研究も増えてきた。

しかし一方、データベースごとに紛争の規模や範囲が異なれば、気候や社会要因との関連性も当然異なりうる。気候変動と紛争との関連性に関してコンセンサスが得られていない背景には、こうした紛争の定義の相違も一つの理由であろう。

また、第Ⅳ章で詳しく述べたとおり、気候の影響が紛争にまでエスカレートするかどうかは、それぞれの社会の脆弱性を左右する制度や政策に大きく影響される。しかし、例えば気候変動への適応策や緩和策の程度、あるいは地域固有の紛争解決制度や資源管理制度などについては、比較可能な定量データはほとんど存在しない。このため、こうした政策や制度は気候変動に対する社会の脆弱性を大きく左右するにもかかわらず、統計解析に組み込むのが難しい。

このように、紛争に影響する様々な政治的、経済的、社会的な要因について、これを分析するために必要なデータを統計解析できるほど大量に集めることは、可能だとしても非常に労力がかかり、現実的でないことが多い。こうしたデータ入手の限界が、気候と紛争との関係の統計的解析を難しくしている。

(2) 恣意的な仮定

次に、恣意的な仮定の問題について指摘しよう。統計解析を行う際には、紛争（従属変数）と気候変動の関連要因（独立変数）との関係について一定の仮定を置いて検証することになる。しかし、その仮定の置き方次第では、気候と紛争との関係をうまく見出せない可能性があるのだ。

例えば、気候安全保障の統計解析においては、気象の変化と紛争が時間的、地理的に近接して発生することを暗に仮定して分析することが多い。ある年に異常気象や自然災害が発生した場合、その同じ年あるいはすぐ次の年に、同じ地域において紛争の発生や期間に変化があるかを分析するという具合である。

しかし、異常気象や自然災害を遠因とする紛争は、短期間のうちにその地でだけ起きるとは限らない。むしろ、定性的な事例分析を重視する政治生態学者らによれば、環境の変化や資源をめぐる紛争は、複雑な社会政治的な経路を通じて、長い期間を経た後や離れた場所で起きることもある(Turner, 2004)。

例えば、2003年にスーダン西部のダルフール地方で起きた紛争は、気象の変化と紛争が長い時間を隔ててつながったものとして知られる。ダルフール紛争の背景としては、アラブ系遊牧民族とアフリカ系農耕民族との間の対立がしばしば指摘される。この地で1983年に起きた干魃は、彼らアラブ系遊牧民族とアフリカ系農耕民族の間に、水や土地などをめぐる抗争を招いた。2003年のダルフール紛争は、この20年前の干魃に端を発した民族対立を背景に生じたものだという（Mandani, 2009）。異常気象や自然災害とそれに端を発する紛争とは、必ずしも時間的、地理的に隣接するとは限らないのである。

3 代表的な批判

気候安全保障研究の論争は、ここまで本章で紹介してきたような立場の違いや統計解析の難しさをめぐるものばかりでない。ここでは、気候と紛争との関係に関する代表的な批判として、サンプル・バイアス、気候変動と異常気象との混同、定性的事例研究の不足の3つを紹介しておこう。

(1) サンプル・バイアス

従来の気候安全保障研究については、一部の限られた国や地域ばかりを対象としている点を問題視する向きがある。こうしたサンプル・バイアスの問題は、統計解析による定量的研究のみならず、定性的な事例研究にも当てはまる。気候と紛争との相関を批判する研究者のなかには、この点をやり玉に挙げる者も少なくない（Raleigh, 2014; Buhaug, 2015; Ide, 2017）。つまり、紛争が発生しやすく、気候の変化にも脆弱な地域ばかりを対象に分析したのでは、気候と紛争との間の一般的な相関関係は推定できないという批判である。

①アフリカへの偏重

Web of Science と並ぶ主要な学術論文データベースの Scopus で環境安全保障ないし気候安全保障関連の学術文献を調べた調査によれば、１９９０年から２０１７年までに発表された抽出文献146件のうち半数以上（53％、77件）がアフリカを対象としており、次いで31％がアジアを対象とするものであったという。ヨーロッパ（５％）、南米（４％）、北米（３％）、オセアニア（１％）などは、ほとんど検討されていない（Adams et al., 2018）。

国別では、ケニアとスーダンを対象とする研究が最も多く（11回）、次いでエジプト（８回）、インド、ナイジェリア、シリア（７回）に研究が集中している。アフリカやアジア以外の地域にも、政治的に不安定で気候変動にも脆弱な場所は少なからずあることを考えると、こうした対象の偏りは驚くべきことである（ibid）。

例えば、気候変動への脆弱性を表すＮＤ-ＧＡＩＮや Global Climate Risk Index（ＣＲＩ）といった指標で気候変動の影響を最も受けているとされる20カ国のうち、実に11カ国（グアテマラ、ハイチ、ホンジュラス、キリバス、マーシャル諸島、ミクロネシア、ニカラグア、フィリピン、セーシェル、ツバル、イエメン）は、これまでの気候安全保障研究ではほとんど取り上げられていないのだ。

②街灯効果

このような偏りが生じた理由はいくつか考えられる。まず、長期にわたる紛争データは、アフリカに関するものが入手しやすい点を挙げられよう（Bernauer and Gleditsch, 2012）。前述したとおり、紛争や気候その他の要因について統計解析に必要なデータを入手できる地域が限られるということは、裏を返せば、データが容易に手に入る地域ばかりが研究に取り上げられる傾向があるということである。

夜中に落とし物をした人は、落とした可能性の高い場所ではなく、街灯のある探しやすい場所ばかりを探してしまうという小話から、こうしたサンプル・バイアスを「街灯効果（streetlight effect）」と呼ぶ（Hendrix, 2017）。

③紛争発生地への集中

特定地域に分析が偏る背景には、データの入手可能性のほかにも、紛争の起こりやすい国や国際政治上の重要性が高い国が研究対象となりやすいことも理由として考えられる。特に事例研究においては、現に紛争が発生した地域ばかりが対象とされる傾向がある。例えば、２０１１年のシリア内戦と干魃の影響は従来集中的に分析されているが、同様の干魃を経験しながら大規模な紛争が発生しなかった近隣のヨルダンやレバノンについてはあまり分析されていない。

こうしたサンプル・バイアスは、いくつかの問題をはらんでいる。まず、気候変動と紛争との関連性が実際よりも強い、あるいは一般的であるかのような印象を与えてしまいかねないことが危惧される。また、紛争が発生した事例ばかりに焦点を当てると、むしろ気候変動に適応して紛争の発生を回避した地域の特徴は明らかにならない（Raleigh, 2014）。さらに、特定の地域ばかりが頻繁に研究対象とされることで、その地域だけが他の地域よりも暴力的で脆弱なイメージを生み出してしまうことも心配されている（Barnett, 2009）。

(2) 気候変動と異常気象との混同

また、従来の気候安全保障研究に対しては、気候変動と異常気象との区別に無頓着だとの批判もある。気候安全保障研究では、自覚の有無はさておき、長期的な気候変動による影響と短期的な異常気象による影響とが明確に区別されないことが多いのである。

そもそも気候変動（climate change）とは、地球規模の平均気温や気象パターンなどの長期的な変化を指すものである。そうした気候変動の結果として、極端な高温や低温あるいは豪雨や日照りなど、異常気象が頻発化、激甚化すると考えられている。つまり気候のばらつき（climate variability）が大きくなるのだ。

しかし、気候変動と紛争の関係に関する実証研究の多くは、短期的な異常気象ばかりに注目して、紛争リスクとの相関を分析する傾向が強い。これは、数百年ないし数千年にわたる長期の気候変動や紛争の歴史よりも、過去数十年に起きた異常気象や紛争の方が大量で詳細なデータを入手しやすいからである。

たしかに気候安全保障論においても、第Ⅱ章で紹介したとおり、数百年から数千年の長期にわたる気候の変化と紛争発生の傾向との関係を分析したものがある。それでも、従来の気候安全保障研究の多くが、短期的な異常気象の影響に関する知見を長期的な気候変動の影響を予測するための基礎として無批判に利用しがちであることは否めない。

長期的な気候変動の影響と短期的な異常気象とは、似て非なるものであることには注意が必要である。例えば、平年（過去30年の平均）気温が産業革命前に比べて2℃上昇するような中長期の温暖化と、ある月の平均気温が平年より2℃高い短期的な異常気象とが、ともに同じような影響を社会に与えるとは限らない。平年より2℃暑い夏にビールの売上が平年比50％増だったからといって、2℃温暖化した将来は今よりビールが平均50％よく売れるとは言えないはずである。

(3) 定性的事例研究の不足

前述のとおり気候安全保障研究は、統計解析による定量的研究を中心に発展してきた。気候安全保障研究が盛んになり始めた2007年から10年弱の期間に国際的評価の高い学術誌に掲載された気候安全保障関連の論文のうち、定性的事例研究が占める割合は約9％にとどまる（Ide, 2017）。

しかし、気候と紛争との間にある複雑な因果プロセスの解明が重視されるようになるにつれ、それを明らかにするために個別事例に関する詳細な定性分析が求められるようになってきた（ibid）。ダルフール紛争のような個別事例は、統計解析においては一つの異常値として無視される存在かもしれない。しかし、気候と紛争との本当の関係は、こうした個別事例を丹念に調べなくては分からない面がある。

気候変動と紛争の関連性を分析する定性的な事例研究のほとんどは、主に過程追跡（プロセス・トレーシング）、行動観察（エスノグラフィー）、ナラティブ分析という3つの調査法のどれかを採用している（ibid）。

過程追跡とは、気候変動や異常気象と紛争とを結ぶ複雑な因果関係を理解するために、事例の経過を詳細に調査する方法である。次に行動観察とは、調査対象地域の人々の行動を間近に観察しながら、その土地の制度、風習、行動様式などを詳細に記録し、それらと紛争との関係を見出そうとするものである。また、ナラティブ分析とは、対象地域の人々が語る経験や意見から、気候と紛争との間にある関連性を読み解こうとする手法である。同一事例について、これら手法を複数組み合わせて分析することもある。

これら現地調査にもとづく定性的研究の強みは、地域の複雑性を分析に取り込むことができることだ。例えば、集団の構成や力関係、極端な異常気象に対処する伝統的な知恵、集団間の緊張を緩和する非公式の制度などは、個々の地域や社会によって千差万別である。こうした定量的データが得られない土地固有のミクロレベルの要因も取り入れて、気候と紛争を結ぶ因果関係を明らかにすることができるのが、定性的研究の強みである。

あるいは、第Ⅵ章で紹介するような脱炭素経済の進展や気候工学の影響などマクロレベルの要因と紛争との関連性は、気候と紛争という二つの変数の間の狭い関係だけに焦点を当てるだけでは見えにくいが、ナラティブ分析などの定性的調査であれば理解することができる（例えば Dalby, 2015）。

なお、定性的な事例研究と定量的な研究とはお互いに相いれないものではなく、補完関係にある（Meierding, 2013; Gilmore, 2017）。定性的研究は、定量的研究において異常値として無視されるような個別事例の特徴に焦点を当て、気候と紛争との間にある複雑な因果プロセスの詳細を明らかにできる。

そこで明らかになる要因には、その土地その事例だけに特有の事情も少なくないだろう。しかし、定性的研究を通じて明らかになった要因のうち、他の多くの事例にも当てはまりそうな要因については、新たな変数や仮説として定量的な統計解析によって検証されるべきものとなる。こうして定性的研究と定量的研究とが互いに補完し合うことができれば、気候変動と紛争との関係について我々はより深い理解を得ることができるようになるだろう。

VI

気候変動対策がもたらす地政学上の変化

ここまで本書では、主に気候変動による環境の変化、異常気象、自然災害などが紛争を引き起こす可能性を考察してきた。しかし、気候変動が紛争や暴動を招く経路は、それだけではない。気候変動によって引き起こされる地政学上の変化も、国家間紛争や内戦を招きかねない。

地政学とは、国家や民族の行動や関係性をその地理的な条件から説明しようとする学問分野である。そこで重視される地理的条件には、国や民族の置かれた地形や位置関係、輸送や通信の経路、気象条件、天然資源の分布などが含まれる。

こうした地理的条件のなかには、長期にわたって不変なものも多いが、気候変動あるいはその対応策により向こう数十年のうちに変化が見込まれるものも少なくない。次章で触れる北極圏の海氷融解による新航路もその一例である。そうした気候変動に伴う地理的条件の変化が、国家や民族の行動や関係性に影響し、結果として紛争や暴動につながる場合があると危惧されている。

本章では、気候変動への対応策がもたらしうる地政学的な変化について、脱炭素に向けたエネルギー転換、グリーン産業政策、気候工学に焦点をあてて考えてみよう。

1　エネルギー転換の地政学的影響

脱炭素に向けた化石燃料への依存低下と再生可能エネルギーの普及は、世界の地政学的勢力図に重大な影響を与えそうである。なぜなら、化石燃料から再生可能エネルギーへの転換が本格化すると、国際社会で必要とされる重要資源の種類やその産出国が変わるからである（Ivleva and

Månberger, 2021)。
石炭、石油、天然ガスの埋蔵は地理的に偏在するため、その産出国や輸送路には極めて高い国際政治上の配慮が与えられてきた。同様に、脱炭素の実現に必要なレアメタルやレアアース、あるいは再生可能エネルギーの生産に適した場所は、地理的に偏在している。こうした地理的偏在が、脱炭素社会における新たな対立の火種になりかねない（Thompson, 2022）。

(1) 脱化石燃料の影響

化石燃料は、その埋蔵が地理的に偏在し、比較的少数の国でのみ採掘されている。このため、多数の化石燃料消費地が少数の産出地に依存するアンバランスな関係となり、過去にはそうした依存関係がしばしば紛争の温床となってきた。

歴史を振り返れば、化石燃料は過去2世紀にわたって国際政治の中心に位置し、これをめぐる争いが繰り返されてきた。18世紀半ばから19世紀にかけて大英帝国の繁栄を支えたのは石炭による蒸気機関の力である。20世紀に起きた2度の世界大戦は、石炭と鉄鉱石をめぐる独仏両国の確執が背景にあった。その後エネルギーの主役は石炭から石油に移り、その供給網を握った米国が世界の覇権を制した。第二次世界大戦後から近年に至るまで石油は、スエズ危機、第四次中東戦争、イラク戦争など、多くの紛争や戦争の遠因となっている。天然ガスもまた、ウクライナに侵攻したロシアがＥＵ諸国に輸出制限して揺さぶりをかけたように、国際政治と切り離せない存在だ。

化石燃料は今なおエネルギー源の主流だが、世界のエネルギー供給におけるその割合は、気候変

図6-1　世界の一次エネルギー供給構成の予測

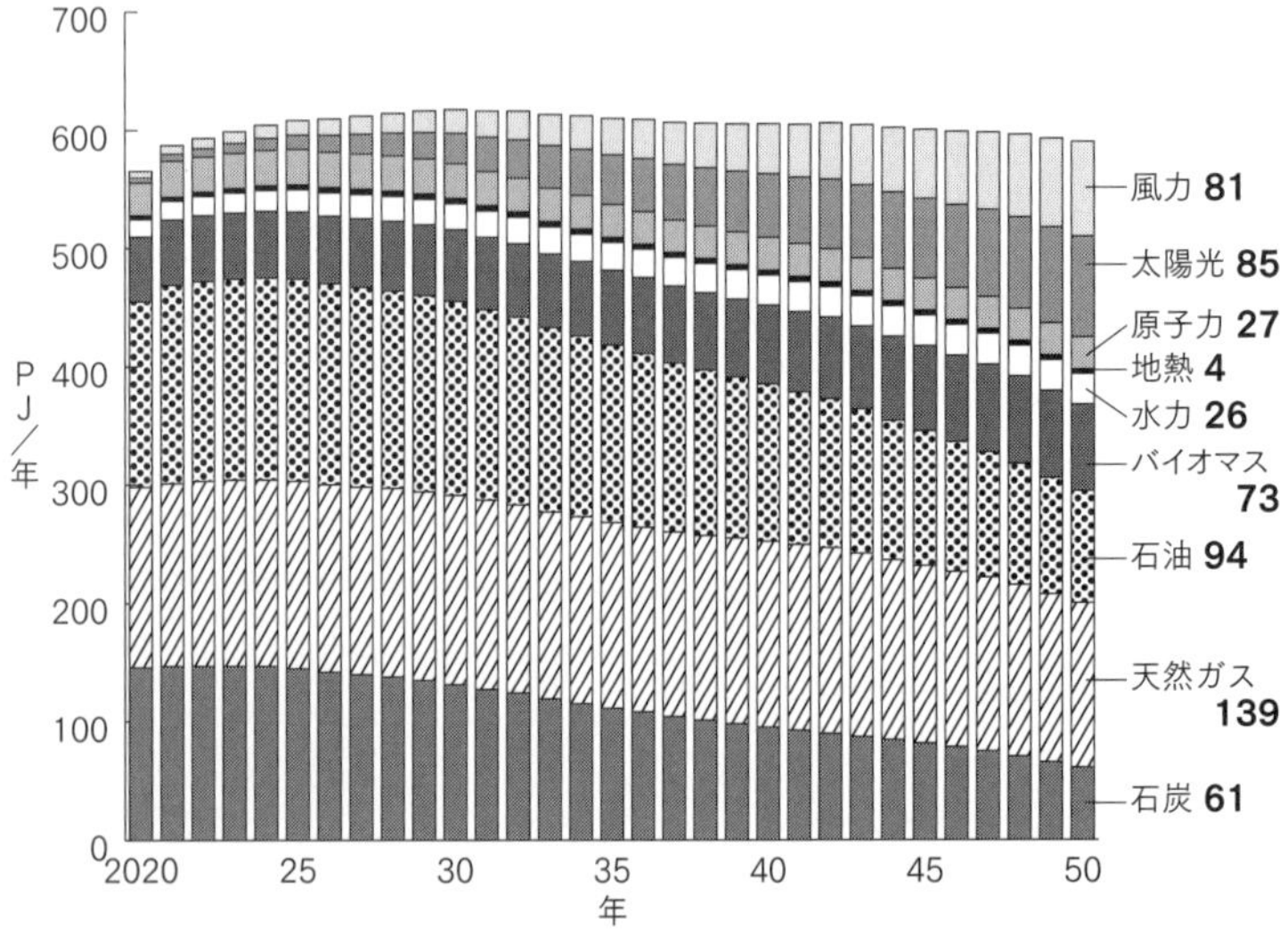

出所）DNV（2021）より筆者作成

動対策により減少すると見込まれる。その減少幅の見通しは前提の置き方によって大きく異なるため一概には言えないが、ここではノルウェー・オスロに本部を置く世界的に著名な財団ＤＮＶが２０２１年に発表した試算を紹介しよう（図６－１参照）。

化石燃料のなかでも温室効果ガスの排出が特に多い石炭は、今後その使用が大きく減ると見込まれる。現在見込まれる技術進歩や政策動向を前提にＤＮＶが試算したところでは、２０５０年までに石炭の使用量は２０１９年比で62％減少すると予想される。石油の使用量も今後着実に減少していき、２０５０年には現在の半分強まで減少するという。一方、温室効果ガスの排出が比較的少ない天然ガスは、石炭や石油に比べて相対的に重要性を増しそうで、2030年頃までは使用量が増えそうだ。とはいえ天然ガスも、2040年代には使用量が減少に転じるとDNVは見込んでいる（DNV, 2021）。

化石燃料産出国の経済は多くの場合その輸出に大きく依存している。そのため、脱化石燃料の進展によって輸出収入が減少すれば、その経済社会にとっては死活問題となりうる（Ivleva et al., 2019）。化石燃料産出国は、エネルギー転換に向けて自国経済を再編する必要があるのだ。それができなければ、経済の衰退と外交力の低下に見舞われるだろう。

特に、化石燃料輸出の対GDP比が大きく、かつ、一人あたりGDPが低くて財政的余力が乏しい国は危険だ。リビア、アンゴラ、コンゴ共和国、東ティモール、南スーダンなどがこのグループに属する。これら諸国の不安定化は、エネルギー転換がもたらす地政学上の主たるリスクの一つである。

石油の重要性低下と聞くと、中東産油国の影響力低下や不安定化を想起する。ただし、中東産油国の地政学的重要性が直ちに地に落ちるわけではなさそうだ。航空機や船舶の燃料あるいはプラスチックのような化学製品の原料などとして、石油の需要は当面ゼロにはならないだろう。このため、世界の石油生産は2050年でも日量2400万バレル（現在は日量9000万バレル）ほどは残ると見られる。

この限られた需要に対して、新たな油田は今後開発されにくくなり、既存の油田もコストの高い地域から順に生産停止となるだろう。その結果、石油供給は中東のような少数の低コスト生産者に集中しそうだ。そのため、中東諸国を中心とした石油輸出国機構（OPEC）が世界供給に占める

図6-2　世界の石油産出国別シェア（2021年）

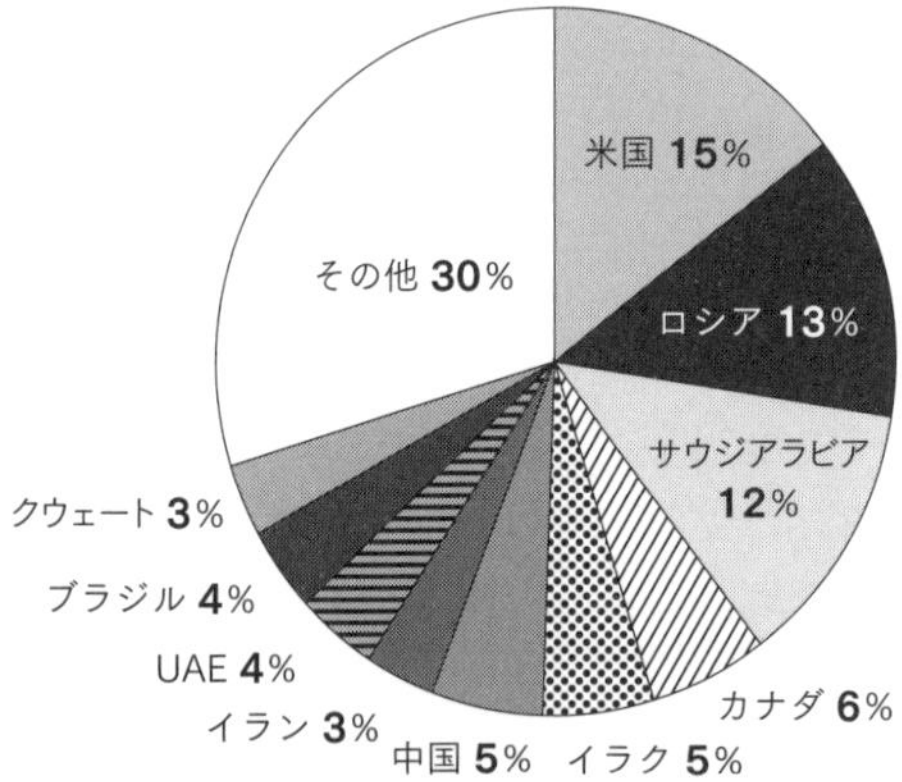

出所）*bp Statistical Review of World Energy*, 2022

図6-3　世界の天然ガス産出国別シェア（2021年）

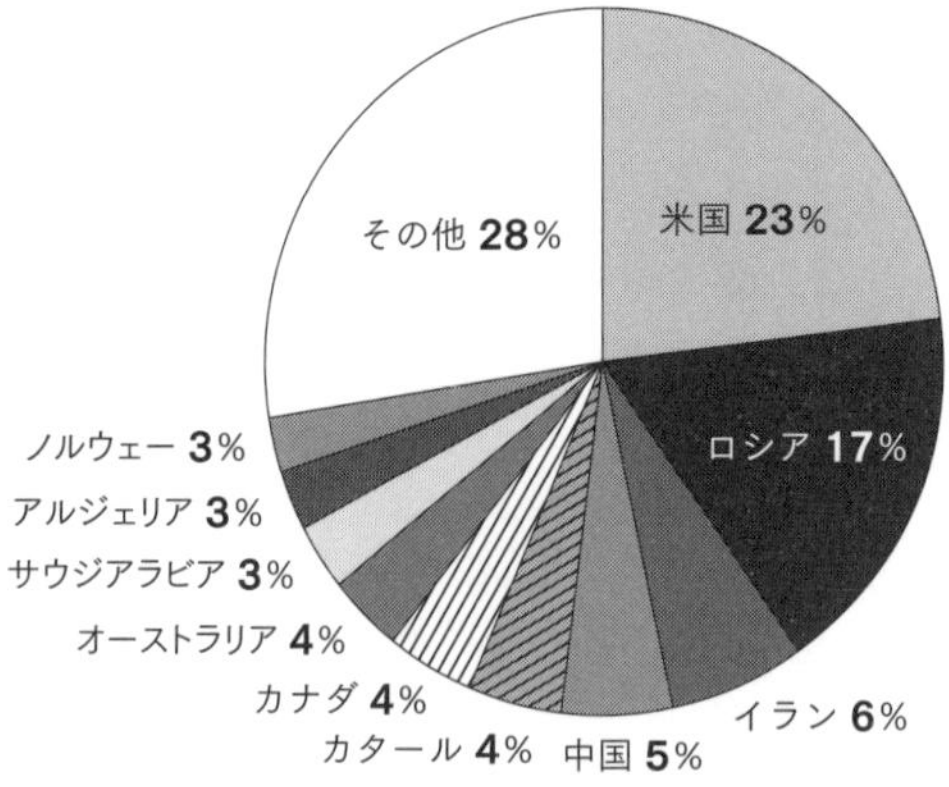

出所）*bp Statistical Review of World Energy*, 2022

シェアは、近年の約37％から２０５０年には約52％に増加するとも予想されている（IEA, 2021a)。中東諸国は、後述するとおり次世代エネルギーとして期待の高い水素の生産にも力を入れている。また中東諸国のなかにも、サウジアラビアのような産油国もあれば、イランやカタールのような産ガス国もあり、その力関係が石油と天然ガスの需要動向によって変化する可能性もある（図６－２、６－３参照)。脱炭素の動きによって中東の地政学的な位置づけがどう変化するのかは、注視が必要だろう。

(2) 再生可能エネルギー普及の影響

太陽光、風力、地熱などの再生可能エネルギーは、種類や程度の違いこそあれ、世界中ほぼどこにでも潜在的に利用可能である。このため、地理的に埋蔵が集中した化石燃料とは違い、より多くの国が自国の必要とする再生可能エネルギーを自ら生み出すことができる。

前出のＤＮＶの予測（DNV, 2021）では、太陽光発電と風力発電が２０５０年には系統連系電力の74％を占めるようになるという。一方、化石燃料による発電は、13％まで減少するとの見通しだ（図６－４参照)。

他方、再生可能エネルギーは、その土地ごとに利用可能な種類や程度が違うがゆえに、大規模かつ安価に再生可能エネルギーを生みだせる場所もあれば、その規模や価格競争力が限られる場所もある。

例えば日本の再生可能エネルギーのポテンシャルは、世界的に見て決して大きい方ではない。世

図6-4　世界の電力構成の予想

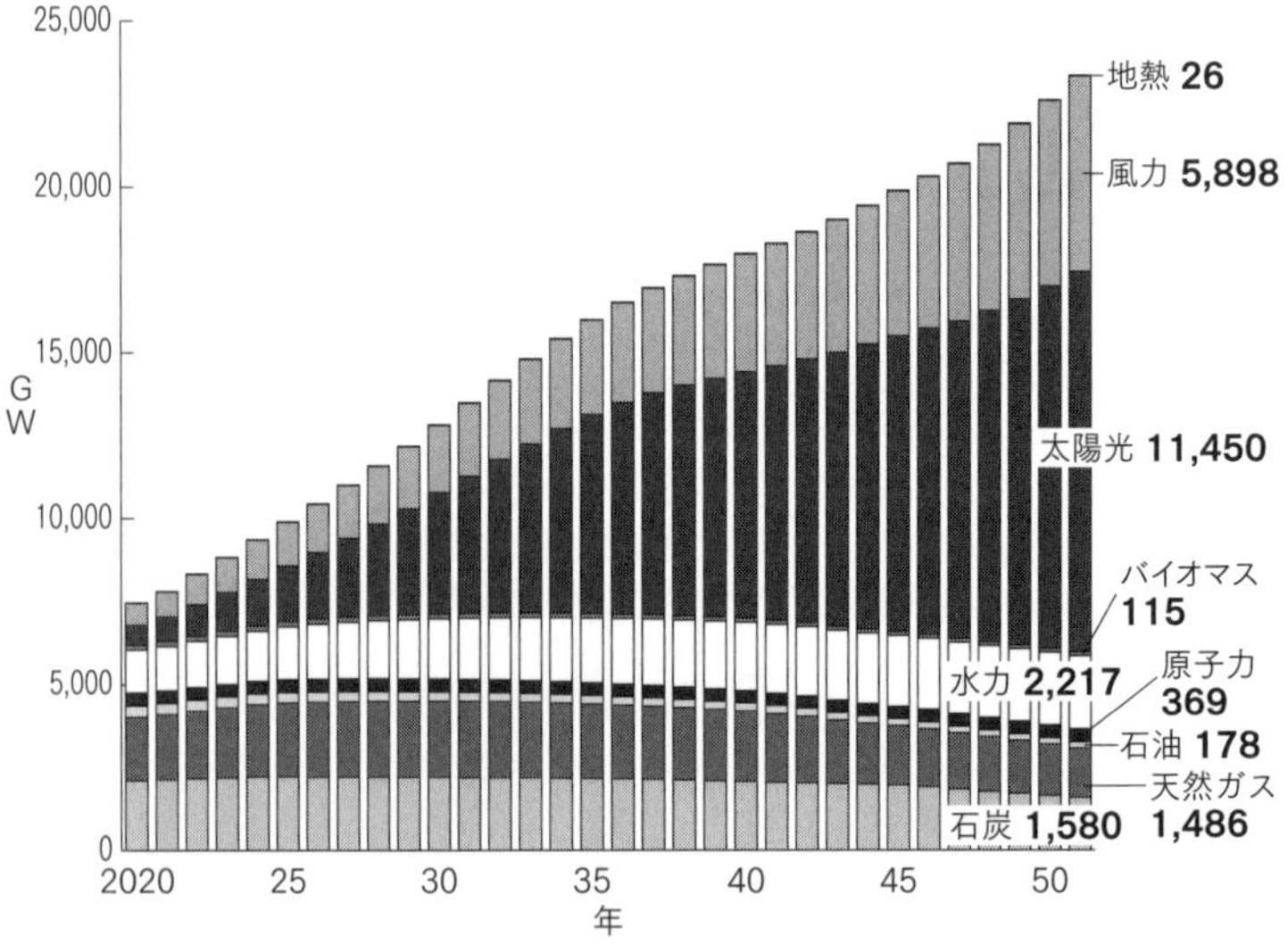

出所）DNV（2021）より筆者作成

界の太陽光発電ポテンシャルの分布図を見ると、オーストラリア、中東、アフリカ、南米などと比べて日本のポテンシャルは小さいことがわかる。また、風力についても、日本は沿岸部ならある程度の発電ポテンシャルがあるものの、ヨーロッパほどではない。

こうした再生可能エネルギー源の地域的偏在は、化石燃料ほど国際政治を動かす要因にはならないかもしれない。しかし、企業に対して温暖化対策や気候変動リスクの情報開示を求める圧力が世界的に強まるなか、安価な再生可能エネルギーを安定的に調達できない国には多くの企業が拠点やサプライチェーンを置かなくなる可能性がある。そうなれば、それは国家の経済産業の盛衰にも関わりかねない。

(3) レアメタル・レアアース

再生可能エネルギーが普及し、ソーラーパネルや風力タービン、電気自動車、エネルギー貯蔵などの脱炭素関連技術が広く使用されるようになるにつれ、それらの製造に必要とされるレアメタル、レアアースに対する需要が拡大している。そうした鉱物の埋蔵量の多い地域は、エネルギー転換から今後ますます恩恵を受けそうだ。

レアメタルとは和製英語であり、国際的な定義はない。日本では、地球上の存在量が希少であるか技術的・経済的な理由で抽出が困難であり、その安定供給の確保が政策的に重要なタングステン、コバルト、ニッケル、レアアースなどの非鉄金属31種を経済産業省がレアメタルと呼んでいる。一方、レアアースは、スカンジウム、イットリウム、ランタンなど17鉱種の総称であり、17鉱種あわせてレアメタル31鉱種の一つとされている。

再生可能エネルギーの設備には、多くのレアメタルやレアアースが使用されている。例えば、太陽光発電はシリコンの需要を増加させ、リチウム電池の普及はリチウムやコバルトの重要性を高めた。そのほか、発光ダイオードや超強力磁石などのエレクトロニクス製品の性能向上にも必要不可欠なレアアースは数多い。脱炭素化や再生可能エネルギー普及に、レアメタルやレアアースは欠かせないのだ。

レアメタルやレアアースは、精錬が難しいことから希少とされるが、金、銀、鉛、錫のようなベースメタルや貴金属と比べて地殻中の存在量が極端に少ないわけではない。また、レアアースの鉱床はユーラシア、オーストラリア、北米、南米の各大陸に分布する。

問題は、その産出が中国、ロシア、アフリカなど特定の地域に今は偏在しており、供給不安や価格変動のリスクが常につきまとう点だ。米地質調査所（ＵＳＧＳ）の推計によると、２０２２年の世界のレアアース生産量の70％は中国が占め、米国は14％、オーストラリアは６％にとどまる(USGS, 2023)。

19世紀が石炭と英国の時代、20世紀が石油と米国の時代であったように、21世紀はレアアースと中国の時代になるのではないかという見方がある（Thompson, 2022)。かつての中国最高指導者・鄧小平は「中東には石油があり、中国にはレアアースがある」と述べ、レアアースを中国に有利な形で戦略的に利用すべきとの方針を示したという。

実際、中国はレアアースをときに外交カードとして利用する。２０１０年には尖閣諸島沖での漁船衝突事件を機にレアアースの実質的な対日禁輸措置を採った。２０１９年にも、米中対立が続くなかで習近平国家主席が江西省のレアアース工場を訪問し、対米輸出を制限するのではないかとの観測が広がった。レアアースの輸入国は、こうした中国のレアアース外交に対して経済安全保障の観点から懸念を深めている（ibid)。

⑷ 水素

水素は、使用時に二酸化炭素を排出しないため、脱炭素社会における自動車や船舶などの動力源あるいは発電のエネルギー源などとして期待されている。特に、再生可能エネルギーを使って水を電気分解して水素を製造すれば、製造から使用まで炭素を排出しないエネルギー源となる。これを「グリーン水素」と呼ぶ。その他、天然ガスや石炭等の化石燃料を水素と二酸化炭素に分解する方法もある。この製造過程で二酸化炭素を大気中に排出せず地中に埋めるなど回収処理するものを「ブルー水素」、二酸化炭素を回収処理しないものを「グレー水素」と呼ぶ。

国際再生可能エネルギー機関（ＩＲＥＮＡ）の試算によれば、世界の平均気温上昇を産業革命前との比較で１・５℃以内に抑えるためには、世界の最終エネルギー消費（産業、民生、運輸などの各部門で消費されるエネルギーの総量）に占めるクリーンな水素の割合を２０５０年には12％まで高める必要があるという（IRENA, 2022a）。ここでいうクリーンな水素とは、炭素を排出しない「グリーン水素」または「ブルー水素」のことである。

２０２０年時点で最終エネルギー消費の０・１％にも満たない水素を30年で主要エネルギーの一つに引き上げるとなれば、そのエネルギー転換に伴う社会的、経済的、そして地政学的な影響は非常に大きいだろう。

①グリーン水素生産大国

特にグリーン水素は、①豊富な再生可能エネルギー源、②巨大な工場を建設するためのスペース、③潤沢な水資源、④消費市場への輸出アクセスなどの条件を備えた場所での生産が理想的である（Ivleva and Månberger, 2021）。これらの条件を備えた国がグリーン水素の生産大国となり、それに見合った地政学的・経済的な影響力を持つことになりそうだ。

この点、オーストラリアは、世界の水素取引において主要プレーヤーになる潜在力と意思を有する国だ。潜在力の点でオーストラリアは、前述したグリーン水素の生産に必要な条件を満たしており、また、石炭や天然ガスからブルー水素を生産することもできる。この潜在力を活かすべくオーストラリア政府は、2019年に「国家水素戦略」を策定し、2030年までにアジアやヨーロッパへ安価な水素を輸出する水素大国を目指す方針を打ち出している。

中東の産油国も、エネルギー転換に向けた自国経済再編のため、水素に注目している。例えばアラブ首長国連邦は、2021年に「水素リーダーシップ・ロードマップ」を策定し、2030年までに世界のクリーン水素市場で25％のシェアを目指すとしている。サウジアラビアやオマーンなども同様に水素大国を目指す方針だ。

たしかに産油国は、二酸化炭素の回収貯留ができれば、その化石燃料からブルー水素を生産することができる。また、海水を電気分解に利用できれば、砂漠地帯の豊富な日射量を太陽光発電に活かして、グリーン水素の生産にも適している。

②水素貿易が生む新たな相互依存

水素は、パイプラインや海上輸送を通じて、国境を越えて取り引きしうる。既存の天然ガスパイプラインを水素輸送のために再利用できる場合もある。ＩＲＥＮＡは、2050年時点で国際的に取引される水素のうち、約55％はヨーロッパやラテンアメリカでパイプライン輸送され、残り約45％はアンモニアに変換されるなどして海上輸送されると見込んでいる（IRENA, 2022b）。

図6-5　水素の輸出入予想

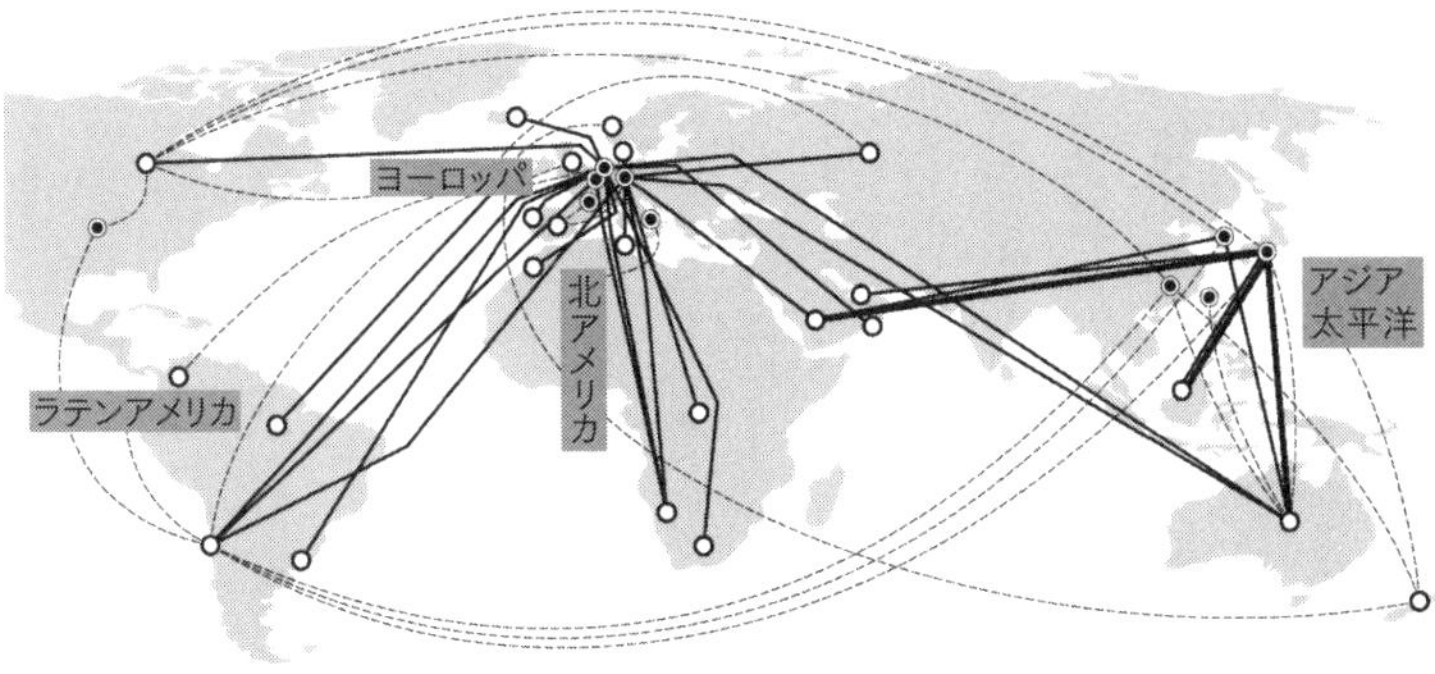

出所）IRENA（2022a）

国境を越えた水素貿易は、今後活発になると予想される。従来エネルギー貿易を行ってこなかった国々も含め、２０２２年現在で30以上の国や地域が水素の輸出入計画を表明しているのだ。

欧米（ドイツや英国など）とアジア（日本や韓国など）は水素を輸入する側、アフリカ（チュニジアなど）、中東、ロシア、東欧（ウクライナなど）、中南米（チリなど）、オーストラリアは水素を輸出する側に回りそうだ（図６－５参照）。

ＥＵ諸国は、国内外の水素供給源（特に北アフリカやウクライナなど）から水素を確保し、電力への転換が困難な産業（冶金、建設資材、大型トラック、バス、一部の鉄道など）をできるだけ早く脱炭素化する計画である。日本も、オーストラリアや中東などから水素を輸入しようとしている。

こうした水素をめぐる貿易と投資の流れは、国家間に新しい相互依存関係を生み出し、既存の力関係を再構築する機会となりうる。国と国との経済的な結びつきが変われば、政治的な関係性にも影響を与える。過去200年の歴史（木材から石炭、石炭から石油・ガスへの転換）が示すように、エネルギー転換は世界のパワーバランス、同盟関係、グローバルなバリューチェーンに大きな影響を与えるものだ。

ただし、水素が国際政治に与える影響の大きさは、石油のそれには及ばないだろう。例えば中東諸国は、水素市場において化石燃料市場と同等の影響力を持つことはないように思われる。また、ウクライナ侵攻に反対するドイツなどにロシアが天然ガスの輸出を制限したが、同じように水素が政治の道具として使われたとしても、その影響は限定的だろう。

なぜなら、水素は世界の様々な場所で生産することができ、その市場には多くの生産者が参入できるからである。化石燃料やレアアースのように供給が寡占化しにくいのだ。そのため、グリーン水素が、今の石油ほどの寡占利益や影響力を輸出国にもたらすことはないと予想される（Van de Graaf et al., 2020）。

むしろ各国は、グリーン水素をめぐって、エネルギー集約型産業の立地を競うことになるだろう。技術の点では、鉄鋼や化学といったエネルギー集約型産業を脱炭素化するためには、グリーン水素の利用が欠かせない。そのため、グリーン水素を安価かつ安定的に入手可能な国が、こうした産業の発展で有利な立場に立つ可能性がある。グリーン水素に絡む技術や産業誘致の競争が、各国の産業競争力や経済力ひいては総合的な国力にも影響しそうだ。

2　グリーン産業政策がもたらす変化

国際政治に影響を与える気候変動対策として、次にグリーン産業政策の影響について考えてみよう。

環境と経済成長を両立する持続可能な発展を目指す経済を「グリーン経済（green economy）」と呼ぶ。そのための産業政策が「グリーン産業政策（green industrial policy）」だ。それには、環境技術の開発を刺激促進するための公的投資、インセンティブ、規制、その他の政策支援が含まれる（Harrison, 2017; Rodrik, 2014）。

グリーン産業政策の特徴は、その目的にある。グリーン産業政策と他の産業政策を分かつのは、経済をグリーン経済に転換、再構築しようとする目的である。グリーン産業政策による脱炭素が気候変動対策の中心を占めるようになるにつれ、気候変動対策はその性格を狭義の環境政策から経済・産業政策へと変化させつつある（Meckling and Allan, 2020）。

さらに、第1節で述べたとおり脱炭素関連の技術や産業振興で優位に立てる国は国際社会での影響力を高めると予想されるため、各国のグリーン産業政策は国際政治にも波及しうるのだ（Allan, 2021）。

(1) 各国のグリーン産業政策

日本が脱炭素のためのグリーン産業政策を明確に打ち出したのは、2020年12月のことである。当時の菅義偉首相が2050年までの脱炭素社会(カーボンニュートラル)の実現を目指すと宣言したことを受け、これを実現するための産業政策としてまとめられたのが「グリーン成長戦略」である。

同戦略では、太陽光発電やバイオ燃料など再生可能エネルギーの普及促進のほか、運輸、製造、住宅などを含む14の重点分野が示された。これら重点分野を中心に、財政支出、税制優遇、規制改革、標準化、国際連携などの政策を総動員して、2050年時点で関連雇用1800万人を生み出そうという方針だ。

同時期に英国でも、ジョンソン首相が総額120億ポンド(1ポンド165円の為替レートなら約2兆円)の「グリーン産業革命」計画を発表した。洋上風力発電や低炭素水素への技術投資、環境保全などを通じて、2030年までに最大25万人の雇用創出を目指す計画だ。ジョンソン首相は伝統的に小さな政府を好む保守党の所属であったにもかかわらず、脱炭素のために政府の大規模な市場介入を志向した点で印象的な計画だ。

しかし世界には、日本や英国よりもずっと前からグリーン産業政策を積極的に推進してきた国がある。例えば米国では、早くも2009年にオバマ大統領が「グリーン・ニューディール」政策を打ち出し、省エネ投資などを通じて250万人の雇用創出を目指すとしていた。

図6-6　太陽光発電の国別累積導入量の推移

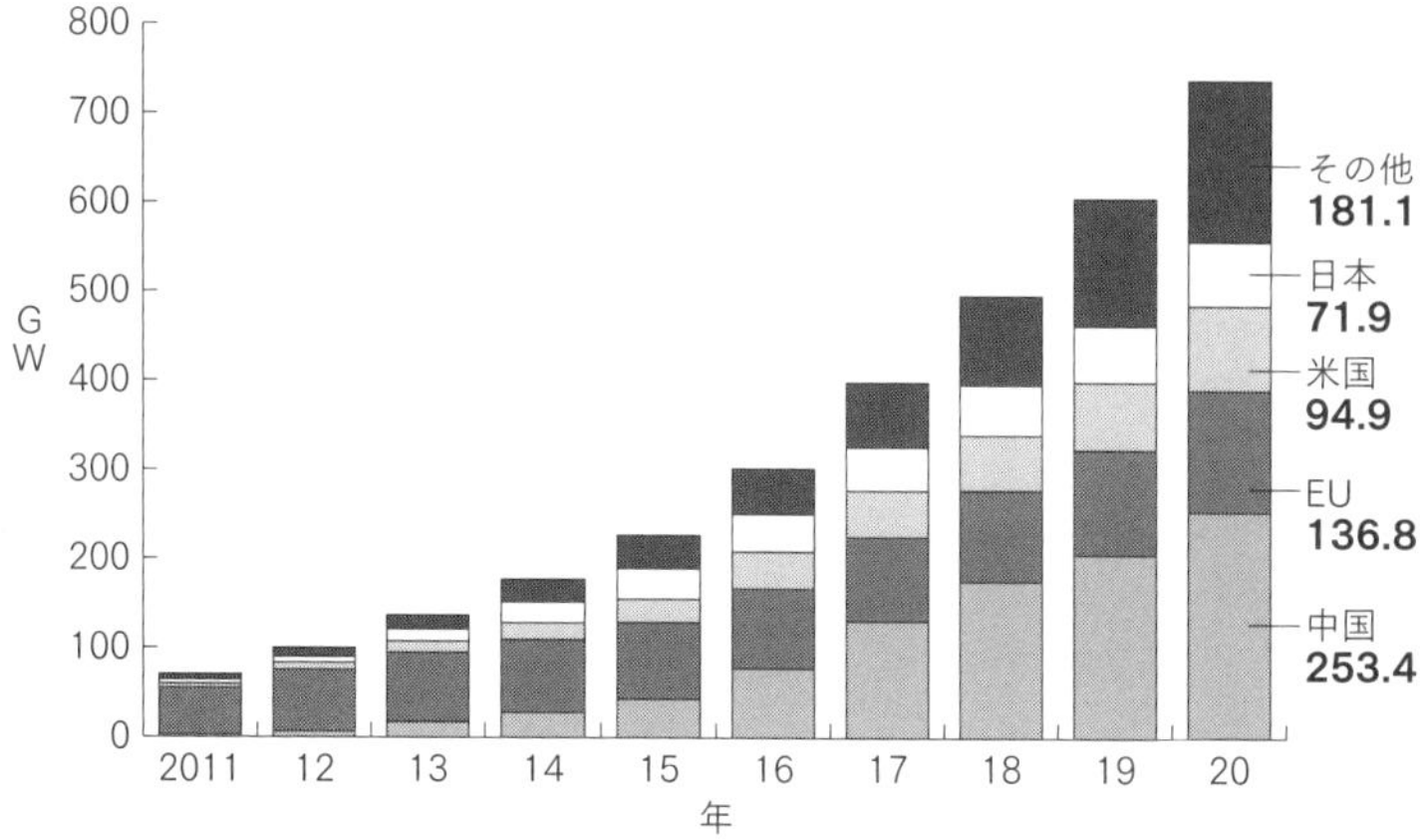

出所）IEA（2021b）より筆者作成

図6-7　風力発電の国別累積導入量の推移

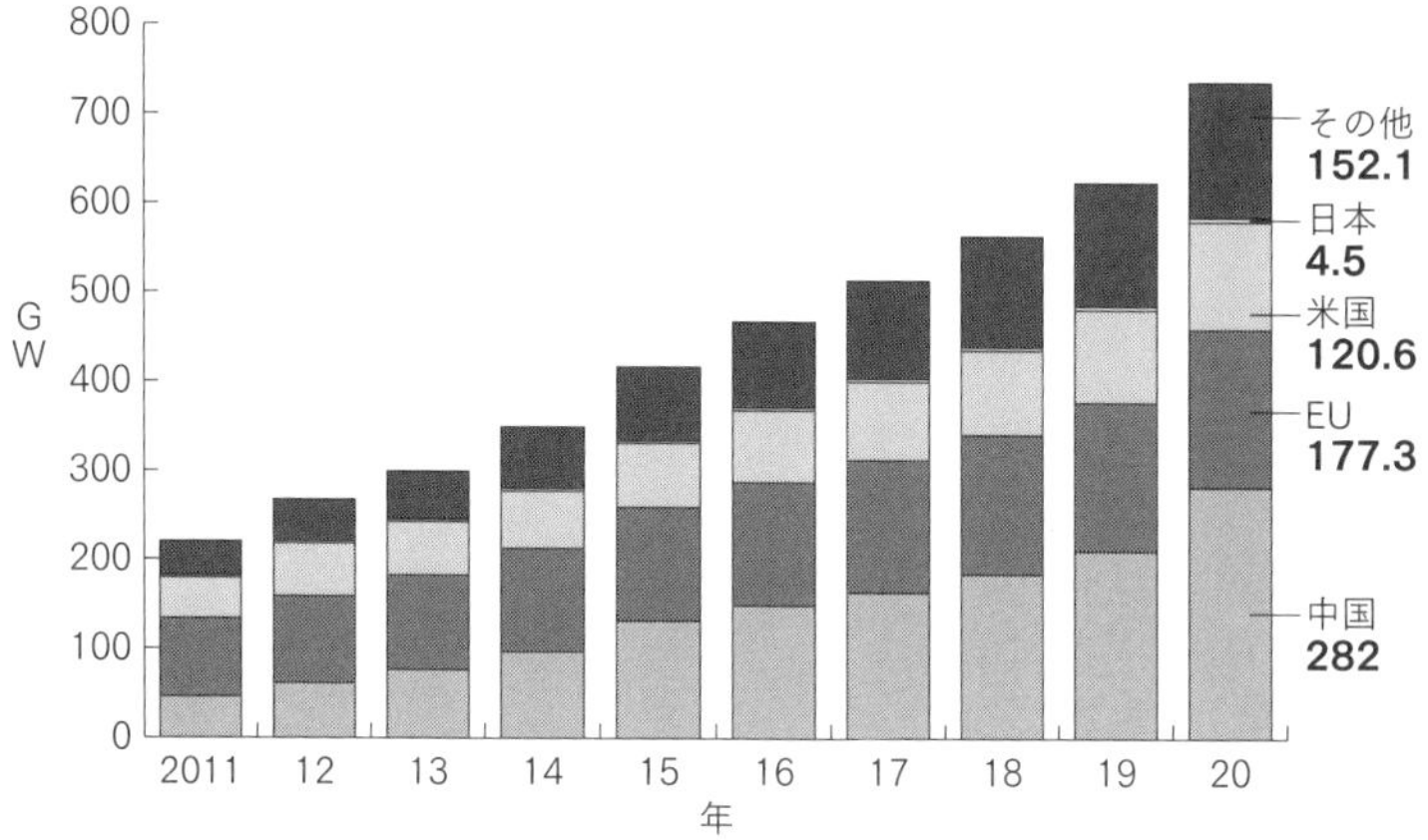

出所）IEA（2021b）より筆者作成

また、中国は、さらに早い２００７年以来、地方政府の首長や有力国有企業の経営者に対する共産党の人事評価に、経済成長のみならず省エネや脱炭素の目標達成も組み込み、再生可能エネルギーの産業育成と導入促進を推し進めてきた（Qi, 2013）。これによって中国は、太陽光パネルや風力発電設備の製造能力を急速に向上させ、その累積導入量は世界最大を誇るにいたっている（図６－６、６－７参照）。

さらに中国は、２０１５年５月、省エネルギー・新エネルギー自動車、大型水力発電所、原子力発電所など10の重点分野と23の品目を設定し、製造業の高度化を目指す長期戦略「中国製造２０２５」を打ち出した。こうした中国のグリーン産業政策は、米国で党派を超える対抗心を生み出し、トランプ大統領が中国に貿易技術戦争を仕掛ける背景ともなった（Thompson, 2022）。

(2) 脱炭素の政治力学

このように気候変動対策やグリーン産業政策に対する各国の姿勢は、それぞれ時間差や温度差がある。そうした政策姿勢の違いは、その国が直面する気候変動リスクの大小のほか、国内外の市場の動向、海外からの圧力など複雑な政治経済要因に左右される。なかでも大きな影響を及ぼすのが、産業構造の違いを反映した国内政治である。

①気候変動を加速させる資産vs脆弱な資産

気候変動対策やグリーン産業政策をめぐる政治は、温室効果ガスの排出によって気候変動を加速させる資産（炭鉱、自動車工場、鉄鋼所など）に関わる者と、気候変動による環境変化、異常気象、自然災害に脆弱な資産（沿岸の土地、乾燥地の農場など）に関わる者との間の利害対立として理解することができる（Colgan, 2021）。

ここで言う資産には、資本、労働、知識など、その産業の生産に関わるあらゆるインプットを含む。

例えば、製鉄会社が所有する従来型の高炉は、製鉄過程で大量の二酸化炭素を排出するため、気候変動を加速する資産である。一方、保険会社は、気候変動による異常気象や自然災害で支払いが増えてしまうサービスを提供している点で、気候変動に脆弱な資産の保有者と言える。

では、脱炭素などの気候変動対策が積極的に行われると、こうした気候変動を加速する資産や脆弱な資産はどうなるか？

気候変動対策は、気候変動を加速する資産の需要を減らし、その価値を大きく下げることになる。例えば日本（2020年時点）では、鉄鋼業だけで国全体の二酸化炭素排出量の約12％も占める（環境省、2022）。日本のように鉄鋼業が盛んな国が脱炭素を進めようとすると、二酸化炭素を大量に排出する従来型高炉は価値の低下を免れないだろう。

そのため、こうした気候変動を加速する資産（例：高炉）に関わる者（例：製鉄会社、製鉄が盛んな国）は、脱炭素など気候変動対策に反対するインセンティブを持つことになる。

他方、保険会社や島嶼国のように気候変動に脆弱な資産に関わる者は、気候変動が深刻化すると損害を被ることになるので、本来なら気候変動対策やグリーン産業政策に賛成する側になるはずである。

②気候変動とともに変わる政治力学

ところが、つい最近まで、気候変動に脆弱な資産の関係者の声は、多くの国で政治的に大きな力となりにくい状況が長く続いた。むしろ気候変動を加速する化石燃料、自動車、鉄鋼といった産業が強い国では、そうした産業の政治的な影響力の方が強く、効果的な気候変動対策の推進にとって足枷となってきた。日本もそうした国の一つと言えよう。

なぜ気候変動に脆弱な人々の声は大きな力になりにくいのか？　それは、一種の認識ギャップに起因する問題だ。化石燃料、自動車、鉄鋼といった産業の保有資産が脱炭素政策によって価値を下げることは、直接的かつ明確に認識されやすい。これに対して、気候変動による環境変化、異常気象、自然災害の影響はゆっくりと顕在化するため、それに対して脆弱な立場の人たちの間ですらその脅威や損害が認識されにくい。このため、気候変動を加速する産業の関係者が脱炭素に反対する声ばかりが大きくなりがちなのだ。

例えば石油・天然ガスの世界最大手5社（米エクソン・モービル、米シェブロン、英BP、英蘭ロイヤル・ダッチ・シェル、仏トタルエナジーズ）は、気候変動対策に反対するロビー活動に2019年の1年間だけで2億米ドル（1ドル130円の為替レートなら260億円）を費やしたという（Laville, 2019）。パリ協定の排出削減目標を達成するための政策を導入しようとする各国政府は、こうした気候変動を加速する資産の関係者から政治的働きかけを受け、排出削減の足を引っ張られる。

ただし、今や多くの国々が気候変動の顕在化を認識し、また、脱炭素を通じた経済成長を志向するようになってきた。こうして気候変動対策や脱炭素が進むにつれ、気候変動を加速する資産は時間とともに減価していき、こうした資産に関わる者もやがて政治的な影響力を下げていく。

一方、気候変動の影響と見られる異常気象や自然災害が頻発化、激甚化するにつれ、気候変動に脆弱な資産に関わる者は自らの不利益をはっきりと認識するようになり、有効な気候変動対策を求める政治的な声を高めるだろう。

気候変動の深刻化に伴うこうした国内政治力学の変化は、今後各国で脱炭素やグリーン産業政策を後押しする方向に作用していくと考えられる（Farmer, 2019）。

(3) グリーン産業政策による地政学的影響

気候変動の深刻化に伴い脱炭素やグリーン産業政策を進める国が増えてくると、それは国際政治にも波紋を広げうる。グリーン産業政策がもたらす地政学的な影響は、主に2点ある。一つはグリーン経済の鍵を握る技術や産業をめぐる国家間対立、もう一つは自由貿易体制の緊張である。

①技術や産業をめぐる国家間対立

国際政治の観点から見ると、グリーン産業政策はグローバルなサプライチェーンにおける各国の位置づけを変え、世界のパワーバランスを再構成する可能性がある。今後世界で巨大な需要が見込まれる環境技術は、その知的財産をめぐる激しい国家間競争が予想される。グリーン産業政策は、その優位を確保するうえで重要な政策である（Scholten, 2018）。国内のグリーン産業を育成することで各国は、産業競争力の強化と経済成長を争うことになる（Farrell et al., 2019）。

例えば中国は、２００７年の「気候変動対応国家計画」で「1次エネルギーに占める再生可能エネルギーの比率を10％に引き上げる」との目標を掲げて以来、エネルギー効率の改善や再生可能エネルギーの普及による低炭素経済の実現を産業政策の重要な柱の一つとしてきた。

中国は、新エネルギー、電気自動車、リチウムイオン電池技術への投資により、これらの産業で優位に立ちつつある。その結果中国は、例えば太陽光パネルや風力発電設備の製造能力を急速に向上させ、いまや世界最大のシェアを誇るにいたったことは前述のとおりである（図６－６、６－７参照）。

こうした中国のグリーン産業政策は、結果として米中貿易戦争の一因となった。米国は、輸入が急増した中国製太陽電池セル・モジュールに対して、オバマ政権の２０１２年に反ダンピング措置を発動し、さらにトランプ政権の２０１８年に通商法２０１条にもとづくセーフガード措置を発動したのだ。ほかにもトランプ政権は、対中国制裁関税の対象に風力発電タービン用の大型磁石なども含めていた。

また、グリーン産業政策に端を発した対立は、自由民主主義諸国間でも生じている。例えばカナダのオンタリオ州は、２００９年に風力・太陽光発電の固定価格買取制度（ＦＩＴ制度）を導入したが、その制度の利用者に発電設備の国産品優先使用を要求した。これは、純粋な環境政策の枠を超えて、再生可能エネルギー関連産業の振興と雇用の創出という意図をも有する典型的なグリーン産業政策だ。これに対して日本は、このカナダ産品優先使用の要求を外国製品に対する不公平な差別として世界貿易機関（WTO）に訴え、協定違反が一部認められている。

②自由貿易体制の緊張

グリーン産業政策が国際政治にもたらしうるもう一つの影響は、自由貿易体制の緊張だ。グリーン産業政策は自由貿易と経済統合を脅かしつつあり、ひいては国際秩序の不安定化につながるとの懸念がある（Colgan, 2021）。

グリーン産業政策が自由貿易を脅かすといった事態は、積極的な気候変動対策で自国企業に脱炭素を強いている国が、脱炭素を疎かにする国で安価に生産された輸入品から自国企業を守ろうとすることによって生じる。

世界には、温室効果ガスの排出を減らすために積極的に行動する国がある一方で、そうしない国もある。気候変動の深刻化に伴い脱炭素やグリーン産業政策を進める国が増えても、前述したような産業構造の違いによる国内政治の力学などのために、脱炭素に積極的に取り組まない国は少なからず残るだろう。もし、前者が後者からの輸入品を制限するなら、自由貿易は損なわれ、やがて国家間の対立を生みかねない。

第二次世界大戦後の自由貿易体制は、世界の多くの国々で工業化を促進し、経済成長を可能にする条件を提供してきた。一方、そうした工業化と経済成長は、世界中で温室効果ガスの排出増加をもたらし、気候変動を引き起こしたという面もある。そうして自由貿易体制が呼び寄せた気候変動は、各国のグリーン産業政策を通じて、逆に自由貿易体制を脅かすかもしれないのだ。

炭素国境調整措置　その典型例が「炭素国境調整措置」である。「炭素国境調整措置」とは、厳しい気候変動対策をとる国が、対策の不十分な国からの輸入品に対して炭素排出に見合った課税をしたり、そうした国への輸出について脱炭素コストを還付したりすることで、公正な競争条件を確保しようとするものである。

例えばEUは、2021年7月、世界に先駆けて炭素国境調整措置の導入方針を表明した。また、米国でもバイデン大統領が、2020年の大統領選において、パリ協定を順守していない国からの輸入品に対する炭素国境調整措置の導入に言及していた。

問題は、こうした炭素国境調整措置が自由貿易を阻害するものとして、WTOなどの貿易ルールに抵触する可能性があることだ。

「関税及び貿易に関する一般協定（GATT）」第2条第2項(a)では、ある国内産品に消費税などの内国税が課されている場合、同種の輸入品にその税の範囲内の課徴金を徴収することが認められている。しかし、この規定が脱炭素コストにも適用可能かは定かでない。

またGATT第20条は、「人、動物又は植物の生命又は健康の保護」や「有限天然資源の保全」のため必要な場合に輸入品を差別的に取り扱うことを認めているが、炭素国境調整措置にこの例外規定を適用する余地があるかも前例がなく不明である。

温室効果ガス排出権の購入要求　グリーン産業政策が招いた国家間対立として、外国企業に対する温室効果ガス排出権の一方的な購入要求が対立に発展した事例もある。2012年、EUは、域内を飛行するすべての航空便に排出権の購入を義務づける計画を発表した。ところがこの計画は、ロシア、インド、中国から直ちに激しい反発を受けた。中国はこの制度への参加を拒否し、ロシアにいたっては報復措置の検討すら示唆したのだ。

幸いこの対立は、国際民間航空機関の主導で航空排出規制が進められた結果収束に向かった。だが、この事例も炭素国境調整措置と同様、積極的なグリーン産業政策をとる国と気候変動対策で後れをとる国との間の対立の一例と見ることができる。

3　気候工学が招く対立

気候変動対策が国際政治に波及しうるケースとして、気候工学の影響にも触れておこう。気候工学とは、以下に詳しく述べるように工学的な手法による温暖化対策である。温暖化が抑えられるなら、本書でここまで述べてきたような気候変動に伴う紛争の可能性が下がるとも期待されるが、話はそう簡単ではない。気候工学が紛争を招くことも懸念されるのだ。

(1)　気候工学とは

地球工学（geoengineering）は、地球の自然環境を工学的な手法をもって維持改善しようとする学問分野である。なかでも、気候への意図的かつ大規模な働きかけを行うものは、気候工学

（climate engineering）とも呼ばれる。

世界の平均気温は、2040年までには19世紀後半と比べて1・5℃前後上昇しそうであり、今すぐにでも温室効果ガスの排出を大幅に削減しない限り、21世紀半ばには2℃を超える温暖化が現実のものとなりそうである（IPCC, 2021）。

各国政府が現在表明している温室効果ガス排出削減目標を足し合わせても、地球の平均気温の上昇を食い止められそうにないなか、排出削減の代替手段（プランB）として、地球工学の活用が議論されている（Corry, 2017）。

気候変動対策としての地球工学は、ノーベル化学賞受賞経験のある気候学者パウル・クルッツェン（Paul Crutzen）が2006年にこれを提唱して以降、にわかに関心が高まった。その後、権威ある科学アカデミーの英国王立学会が2009年に気候工学の研究を奨励したり（Shepherd, 2009）、2015年には全米研究評議会も気候工学に関する報告書を発表したりと（Board and National Research Council, 2015）、議論は続いた。

こうして、この「プランB」への関心が高まり、パウル・クルッツェンの論文発表から10年のうちに、気候工学に関する学術出版物は自然科学と社会科学の両方を合わせて数百にも達することになったのである（Horton et al., 2016）。

①太陽放射管理（SRM）

地球工学的手法による温暖化対策は、大きく分けて二つの種類がある。一つは太陽光を遮蔽または反射させる太陽放射管理（ＳＲＭ：Solar Radiation Management）であり、もう一つは二酸化炭素を大気中から回収する二酸化炭素除去（ＣＤＲ：Carbon Dioxide Removal）である。

太陽放射管理（ＳＲＭ）技術は、地球にやってくる太陽光の数％を地球から反射させ、それによって地球の気温を下げようというものだ。方法としては、例えば宇宙空間に反射板を設置したり、成層圏にエアロゾル（微小粒子）を散布したり、海洋上で海水を高く噴き上げて雲を明るくしたりといった方法が提案されている。

こうした太陽放射管理（ＳＲＭ）技術は、温室効果ガス排出削減のために必要な膨大な投資額に比べれば、比較的安価な温暖化対策である。成層圏エアロゾル注入法のコストは、年間22・5億ドルから１８０億ドル（１ドル１３０円の為替レートなら２９５０億円から2兆３４００億円）ほどと見積もられている（Smith and Wagner, 2018; Smith, 2020）。現在、グリーンテクノロジーに年間約５０００億ドル（同65兆円）が投資されていることを考えると、成層圏エアロゾル注入法はその数十分の1から数百分の１の費用で、より直接的に温暖化を回避することが可能と期待されているのだ。

②二酸化炭素除去（ＣＤＲ）

一方、二酸化炭素除去（ＣＤＲ）は、主要な温室効果ガスである二酸化炭素を大気から回収し、それを数千年の時間軸で地下や海底に貯蔵したり、光合成によって固定化したりする技術の総称である。大気から装置で二酸化炭素を直接回収する方法や人工光合成による方法など、様々な案が研究されている。

ただし、大気中から二酸化炭素を分離するのは大きなエネルギーが必要なため、その費用は決して安くない。二酸化炭素1トンあたり600ドルという試算もあれば、94ドルから232ドルの間という試算もある（Service, 2018）。世界で排出される二酸化炭素の量は、新型コロナウイルス感染症の影響を受ける前の2018年時点で、年間約335億トンであった。仮にこれを全量大気中から除去しようとすると、その年間費用は3兆1490億ドル（同、約409兆円）から20兆1000億ドル（同、約2613兆円）かかる計算になる。太陽放射管理（SRM）技術の費用や現状のグリーンテクノロジー投資と比べて、はるかに大きな費用だ。

(2) 気候工学の副作用

排出削減の代替策として期待される気候工学だが、その効果には批判的な意見もある。また、思いもよらない深刻な副作用を引き起こす可能性も指摘されている。

①自然への悪影響

特に太陽放射管理（SRM）の手法は、温暖化を有意に抑えることが可能と予測する向き（Kravitz et al.2019）がある半面、意図しない悪影響を気候に及ぼすのではないかという懸念がある。例えば、成層圏エアロゾルで地球が冷却されると、特にアジアやアフリカでは降雨パターンが乱れたり干魃が起こったりして、食料危機につながるという予測がある（Robock, et al., 2008）。また、地球全体を冷却するほどのエアロゾル注入は、北極圏のオゾン層を破壊するという予測もある(Tilmes et al., 2008)。

また、気候工学の副作用として、生態系への影響も懸念されている。このため、2010年に名古屋で開催された生物多様性条約第10回締約国会議では、研究目的の小規模な実験を除いて、気候工学を科学的知見や議論が整うまでは実践しないよう求めるモラトリアム決議がなされた。この決議は、法的拘束力はないものの、生物多様性条約が世界194カ国に締結されていることを考えると、その抑止効果は世界に広く及んでいると言えよう(ただし米国は未締結)。

②モラルハザード

気候工学の実践をめぐっては、それによって温室効果ガス排出削減の努力が疎かになるという、モラルハザードを心配する声もある(Schneider, 1996)。

たしかに温室効果ガスの排出削減は、個々人の生活様式から、企業のサプライチェーン、経済社会の在りようまで、広範な見直しと膨大な投資を必要とする。それに比べて地球工学的な手法、特に太陽放射管理(SRM)は、比較的手軽で安価に地球温暖化を食い止める希望を人々に与えるものである。その手軽さゆえに気候工学は、その研究を進めるだけでも、温室効果ガス排出削減に向けた努力の機運を損なうことが懸念されているのだ。

もちろん気候工学によって安全かつ確実に温暖化を食い止められるなら良いのだが、前述のとおりその保証はない。気候工学によるモラルハザードが問題なのは、それが温室効果ガス排出削減の努力を鈍らせ、かつ、実際には地球工学的な手法を以てしても温暖化を適切に食い止められないとなれば、温暖化対策が手遅れになってしまうかもしれないからである（Lin, 2013)。

(3) 気候工学が招く国家間対立

気候工学に対する懸念は、その副作用やモラルハザードに関するものだけではない。その実践の是非、意図的な悪用、副作用、管理体制などをめぐって、国家間対立が起きる可能性も懸念されている。気候工学の研究や実践は、国際政治的な側面も持つのだ。

①利害対立

全地球規模で気候工学が実践された場合、影響を受けない国はないだろう。それによって利益を得る国もあれば、不利益を被る国もありうる。すなわち気候工学は、勝者と敗者を生み出すものなのだ。

気候学者のウィリアム・ケロッグ（William Kellogg）とスティーブン・シュナイダー（Stephen Schneider）は、気候変動への対応として地球工学の活用を提起した極めて初期（１９７４年）の学術論文において、その実践が国家間の緊張を高める可能性を既に指摘していた（Kellogg and Schneider, 1974)。その後も、同様の懸念はたびたび提起され、なかには軍事衝突の可能性さえ示唆するものもある（Barrett, 2008; Schellnhuber, 2011; Maas and Comardicea, 2013)。

化石燃料に深く依存した経済からの脱却に困難を感じている国のなかには、気候工学の研究開発や実践を積極的に支持する国もあろう。今のところ気候工学の研究に最も積極的なのは米国である。米国海洋大気庁は、２０１９年12月に議会から４００万ドルの予算を得て、気候工学の研究を始めている（Fialka, 2020)。米国ではハーバード大学教授デイヴィッド・キース（David Keith）の研究チームＳＣｏＰＥｘも太陽放射管理（ＳＲＭ）の研究を積極的に行っており、これをビル＆メリンダ・ゲイツ財団が資金援助していることはよく知られた話だ。

気候変動の影響に対して極めて脆弱な途上国、島嶼国、小国のなかにも、藁をもつかむ思いで気候工学に期待する国があるだろう。そもそも地球工学的な手法は、国際的コンセンサスを待たずに一方的に実践することも技術的には可能である。そのため、国際場裏での影響力が大きくない途上国や小国であればこそ、らちのあかない排出削減交渉に時間を費やすよりも、思いを同じくする国だけで集まって気候工学に活路を見出すことも考えられる。

実際、２０１９年の国連環境総会では、スイス、ブルキナファソ、ミクロネシア連邦、ジョージア、リヒテンシュタイン、マリ、メキシコ、ニジェール、セネガルなど、気候変動の影響を強く受ける小国や途上国が気候工学の研究促進を提案している（SGRP, 2019)。

一方、脱炭素化へ既に大きな投資を行い、そのための技術などに優位性を持つ国々には、この動きを停滞ないし逆行させかねない気候工学に対して、慎重な態度をとるインセンティブが生じるだろう。実際、脱炭素化をリードするＥＵは、域内の立場の違いもあり、前出の国連環境総会で気候工学研究促進決議に対してあいまいな立場をとったという（ibid)。

逆に、気候工学技術をいち早く確立した国は、その技術的優位を失ったり、国際的な管理の下で手足を縛られたりすることを嫌うだろう（Nightingale and Cairns, 2014）。この点、国連環境総会での気候工学研究促進決議の提案に最も強く反対し、その不採択に持ち込んだのが、気候工学研究が盛んな米国であったという事実は興味深い（Chemnick, 2019）。

また、ロシアのような寒冷な国のなかには、自国がある程度温暖化することを歓迎する国があるかもしれない。識者のなかには、近隣諸国が成層圏にエアロゾルを散布するためロケットを発射したら、ロシアは撃墜するのではないかと考える者もある（Schellnhuber, 2011）。ただし実際には、ロシアは２０１０年の生物多様性条約第10回締約国会議で気候工学の原則禁止を求める決議に反対の立場をとった（SGRP, 2019）。

以上のとおり気候工学は、従来の気候変動対策と同様、その推進によって利益を得る国もあれば、不利益を被る国もある。そうした利害の違いこそ、気候工学が国家間に対立を招きかねない主たる原因の一つなのだ。

②意図的な悪用

一部の識者は、地域や時期を絞った地球工学的手法が、軍事外交目的など利己的な都合のために意図的に悪用されるのではないかと懸念している（e.g. Lin, 2013）。

もちろん地球工学的な手法による気候への介入は、制御が困難であり、紛争当事国以外の第三国をも巻き込む可能性がある。このため、気候工学を外交政策の手段や軍事目的の武器として意図的に悪用するのは難しいと見る向きもある（Maas and Scheffran, 2012; Briggs, 2010）。

しかし、気候工学の悪用に対する懸念は、まったく根も葉もないものではない。実際、軍事目的のために気候が操作された例が過去にあるからだ。ベトナム戦争中に米軍は、カンボジア領内を通り南ベトナムに至る陸上兵站補給路（いわゆるホーチミン・ルート）の交通を妨げたり、敵の対空ミサイルの発射を困難にしたりするために、インドシナ半島で人工降雨作戦を繰り返した。この人工降雨作戦は、1963年8月にベトナム中部フエで行われたのをはじめ、CIAや空軍が主体となって、1960年代半ばにかけて繰り返されたという（Hersh, 1972)。

ベトナム戦争終了後、米国とソ連は人工降雨のような環境改変技術を軍事利用しないことを互いに合意し、両国の主導で1976年に「環境改変技術敵対的使用禁止条約」が国連で採択された。この条約では、環境改変技術を「自然の作用を意図的に操作することにより地球（生物相、岩石圏、水圏及び気圏を含む）または宇宙空間の構造、組成又は運動に変更を加える技術」と広く定義し、その軍事的使用その他の敵対的使用を禁止している。同条約の締約国は、2022年現在、米国、中国、ロシア、インド、日本を含む78カ国に上る（UN, 1978)。

ただし、条約で禁止されているからといって、地球工学的手法が軍事目的で使用されないとは言い切れない。「環境改変技術敵対的使用禁止条約」は、その違反に対して、国連安全保障理事会への苦情申し立てとそれを受けた同理事会による調査を定めるのみである。決して強制力が強いわけではない。

そもそも大国による国際法軽視は、国際政治の常である。気候工学を実践できるのは、ロケットを多数飛ばしたり二酸化炭素を大量に回収貯蔵したりという技術的な能力と、その実践に伴う国際的な批判や制裁に耐えられる立場を兼ね備えた大国である。その数は、米国、中国、欧州の一部、ロシアなど、決して多くはない（Ernst and Parson, 2013; Keohane, 2015）。したがって、そうした条件を備えた一部の国が気候工学の支配権を握ることになると主張する者もいる（Nightingale and Cairns, 2014）。

③予期せぬ不利益をめぐる対立

前述のとおり気候工学は、予期せぬ結果を招く場合もある。気候工学の影響を完全に制御するのは難しい。予期せぬ結果として、一部の国や地域に想定外の温暖化、寒冷化、異常気象、自然災害、その他の環境問題が生じる可能性もある。

気候工学が軍事紛争の真の理由とはならなくても、敵対する国家間で紛争のきっかけとなることはありうる（Maas and Scheffran, 2012）。あるA国によって地球工学的手法が実践された後、B国で異常気象や自然災害が起きたとしよう。その場合、B国を襲った異常気象や自然災害とA国の地球工学との関連を疑う声が上がったり、B国の世論や政府がA国を非難したりする可能性は十分ある。場合によっては、A国に対してB国が賠償を求めたり報復措置を採ったりといった事態にエスカレートすることも考えられる（Nightingale and Cairns, 2014）。

この場合、地球工学的手法の実践と異常気象や自然災害などとの因果関係が科学的に証明されなくても、対立は起きうる。科学者や被害国の指導者が本当に気候工学との因果関係を信じているかどうかにかかわらず、異常気象や自然災害の被害を受けたB国の世論や政府は、気候工学を実践したA国を非難する口実を得ることになるからだ（Scheffran, 2013）。

④ガバナンスをめぐる対立

英国王立学会が2009年にまとめた報告書は、「気候工学を展開するにあたって最大の課題は、科学技術的な問題よりも、むしろそのガバナンスに関する社会、倫理、法律、政治の問題であろう」と述べている（Shepherd, 2009）。

気候工学の外部性　地球工学的な手法による温暖化対策は、ある一つの国あるいは大学やNGOの行動ですら世界の気候に影響するかもしれないという点で、経済学でいう「外部性」が大きい。気候工学が及ぼす影響が好ましくないもの（負の外部性）の場合、前述したような予期せぬ不利益をめぐる対立が生じうる。

他方、気候工学によって温暖化防止という好ましい影響（正の外部性）が世界で広く共有されるなら、それは一種の国際公共財となる。どこかの国や民間主体が効果的な対策を実践しさえすれば、地球上のみながその恩恵を受けること（非競合性）ができ、気候変動対策に協力的でないからといって地球から追い出されるということもない（非排他性）からだ。

そのため気候工学には、誰がそれを実践する費用を負担し、また、誰が実践をめぐる権限を持つべきかという政治的問題が付きまとう。そして、こうした気候工学の実践と管理をめぐっては、各国の間に利害や思惑の衝突が生じうる。

費用分担　ノーベル経済学賞受賞者のトーマス・シェリングはかつて、「気候工学によって温暖化対策は複雑な国際管理体制の問題から単純な費用負担の問題へと変わるかもしれない」と述べた(Schelling, 1996)。気候工学による温暖化対策が典型的な国際公共財であるならば、そのガバナンス問題は、どう費用を分担し、どうフリーライダー（ただ乗り）を排除するかという、割とありふれた問題になるからである。

気候工学のガバナンスが費用分担の問題だとなれば、これをめぐる先進国と途上国との間の対立が熱を帯びかねない。前述のとおり、気候工学を実践できるのは米国、中国、欧州の一部、ロシアなど一部の大国に限られるだろう。そうした国々は温室効果ガスの主たる排出国にも名を連ねる。そのため、温室効果ガスの排出にも気候工学の技術にもほとんど関わりのない多くの途上国は、先進国や大国こそ、温室効果ガス排出の責任をとって自らの費用負担で地球工学的手法を実践すべきと主張するだろう。

地球のサーモスタット　ただし気候工学のガバナンス問題は、残念ながら単なる費用分担の問題には収まらない。地球全体に影響が出る施策の実践に、いったい誰が正当な権限を持つのかという問題もはらむからである。言い換えれば、誰が地球のサーモスタット（温度調整装置）のスイッチを握るのかということになる（Keith and Dowlatabadi,1992)。

特に成層圏エアロゾル注入法については、その終端ショックに注意が必要だと指摘されている。この手法で温暖化を食い止めるには継続的にエアロゾルを成層圏に注入し続ける必要がある。それを突然やめれば、温暖化が突然顕在化して地球の平均表面温度が急激に上昇しかねない（Baum et al., 2013)。つまり気候工学は、適切に実施管理されなければ、地球全体に大きな影響が出るのだ。

ルールとガバナンスのあり方　したがって、いざ気候工学を実践するというときが来たら、国際的なルールとガバナンスの確立が必要になろう。しかし、本節で見てきたとおり、気候工学をめぐって各国には様々な利害や思惑の違いがあることから、気候工学の実践をめぐるガバナンスの交渉も対立が避けられそうにない。

ある者は、気候工学のガバナンスは国連気候変動枠組条約（UNFCCC）締約国会議のような幅広い参加者が集まる既存の多国間枠組みを通じて行われるべきだと主張する（Zürn and Schäfer, 2013）。一方で、気候工学のガバナンスに特化した新たな枠組みの立ち上げを提案する者もいる（Lloyd and Oppenheimer, 2014）。

こうした多国間枠組みでの民主的なガバナンスを主張する向きがある一方、少数の国家グループが気候工学のガバナンスを握るべきだと主張する者も少なくない。無理して法的拘束力のある多国間枠組みを世界中の国々が参加してつくろうとすれば、各国の利害調整の結果、ルールが骨抜きになったり、気候工学の実践が過度に限定されたり、または交渉が膠着状態に陥ったりといった事態になりかねない（Benedick, 2011; Parson and Ernst, 2013; Lloyd and Oppenheimer, 2014）。

特に、技術開発の初期段階においては、その有効性や副作用への懸念から国際的なコンセンサス形成が難しいと予想される。それは、気候変動対策そのものをめぐる過去30年の国際交渉の歴史が物語っている。

そのため、合意できる国だけで集まって、一刻も早く温暖化を食い止める必要があるというのが、少数グループでのガバナンスを支持する向きの意見だ。

しかし、国際的なコンセンサスなしに、一部の国が一方的に気候工学の実践を強行する事態となれば、結局、実践に賛成する国とこれに反対する国の間で、あるいはガバナンスのあり方をめぐって意見が分かれる。そうした意見の相違のある国の間では、対立が深まるとも危惧される（Horton and Reynolds, 2016)。

つまるところ気候工学は、技術的には温暖化対策の切り札になりうるかもしれないが、政治的には国家間の対立を助長する種になりかねないのだ。

VII

アジア太平洋地域の気候安全保障リスク

本書ではここまで、今後顕在化する気候変動の影響が世界の平和と安定をどう脅かすのか述べてきた。こうした気候安全保障リスクは、何もアフリカや中東など、遠い地域だけに限った話ではない。日本を含むアジア太平洋地域も、水不足、洪水、暴風雨、食料生産減少、海面上昇など、気候変動に伴う影響を多く受ける地域である（IPCC, 2021）。そうした気候変動の影響が、本書で紹介してきたような経路を通じて、日本とその周辺地域の平和と安定を脅かす可能性は十分ある（Sekiyama, 2022; Fetzek et al., 2021; Femia et al., 2020）。

そこで本章では、本書でここまで整理してきた気候変動と紛争とをつなぐ経路に照らして、日本を含むアジア太平洋地域の気候安全保障リスクについて予想してみたい。以下、まずこの地域の主たる気候安全保障リスクを概観し、そのうえでいくつか個別の国を取り上げてさらに詳しく紛争リスクを考えてみよう。最後に、日本が今後直面しうる気候安全保障リスクと果たすべき役割について述べ、本書を終えることにしたい。

1　地域の主たる気候安全保障リスク

アジア太平洋地域が今後直面しうる気候安全保障リスクとして、気候移民、領有権争い、洪水や水不足、食料危機、地政学的な変化が招く対立を挙げられる（Sekiyama, 2022）。そこで本節では、こうしたアジア太平洋地域の主な気候安全保障リスクについて、まず概観してみよう。

(1) 気候移民が招く緊張

アジア太平洋では、第Ⅲ章で指摘したとおり、気候移民の発生が地域の安定を脅かす可能性に注意が必要である。この地域には、海面上昇など気候変動の影響で人々が住処を追われる国がいくつも存在する。例えば、太平洋の島嶼国のように、国土全体が海抜数メートルほどしかない低地の国々では人口の多くが海面上昇の危険にさらされる。こうした気候移民は、その発生国または近隣諸国で紛争の種となりかねない。

特にモルディブ、マーシャル諸島、キリバスでは、人口の40%以上が気候変動の影響を受けるとされる（Smith et al., 2016）。また、気候変動の影響を受ける人口の数は、中国で1億700万人、バングラデシュで5300万人、インドで4400万人、ベトナムで3800万人、インドネシアで2600万人に上ると推計される（ibid）。彼らの一部でも移民、難民として周辺諸国にあふれ出れば、この地域の大きな不安定材料となりうる。

なかでもバングラデシュでは、海面上昇と洪水によって2050年までに最大2000万人もの人口が国内外へ移住する可能性があるという（Rigaud et al., 2018）。過去数十年にわたるバングラデシュからインド北部への大量移住は、民族間の緊張と紛争をもたらしてきた（Homer-Dixon, 2010）。気候変動はこうした紛争を増やしかねない。

(2) 海域をめぐる対立

アジア太平洋が直面する気候安全保障リスクの二つ目として、領海や排他的経済水域をめぐる対立の激化を指摘したい。

そもそも、この地域では、食料や収入を漁業や海洋観光に依存している国も多い。しかし、温暖化や海洋酸性化は、そうした漁業資源やサンゴ礁などの観光資源に死活的な影響を与える。アジア太平洋の海域では、温暖化によって既に15～35%も水産業の生産性が低下しているという報告もある（Free, 2019）。

海域や漁業資源をめぐる対立も、気候変動の影響で激しさを増しそうだ。海洋の酸性化や水温の変化によって、漁の対象となる魚の回遊ルートが変化するためである（IPCC, 2022）。中国と東南アジア諸国との間では、今でも南シナ海の領有権、漁業資源、海底鉱物資源などをめぐって緊張があるのは周知の事実だ。魚の回遊ルートの変化により領有権や排他的経済水域の主張が重なる海域で各国の漁船が操業する機会が増えると、その緊張はさらに高まるだろう。

実際、南シナ海では、近年、フィリピンやベトナムが排他的経済水域を主張する海域を中国漁船が占拠したり、中国海警局の公船が他国の漁船や輸送船などを追い払ったりという事態が常態化している。

例えば２０１９年3月には、中国とベトナムがともに領有権を主張する西沙諸島（パラセル諸島）のディスカバリー礁付近で中国の公船がベトナム漁船に高圧放水砲を発射して沈没させた。また、

2020年4月にも、同じく西沙諸島付近で、中国海警局の船が操業中のベトナム漁船に体当たりして沈没させている。今後、海洋の酸性化や水温の変化によって漁獲の減少や漁場の変化が進めば、こうした南シナ海の領有権や排他的経済水域をめぐる争いも増えると予想される。

(3) 水不足と洪水が招く対立

アジア太平洋地域が抱える気候安全保障リスクの三つ目として、洪水と水不足という両極端の災害が引き金となる紛争のリスクを指摘できる。

特にヒンドゥークシュ・ヒマラヤ地域の氷河融解は、この地域にとって大きな脅威となる。南極や北極に次ぐ第三の極地とも呼ばれるヒンドゥークシュ・ヒマラヤ地域の氷河は、黄河、長江、メコン川、インダス川、ガンジス川などの水源として、中国大陸やインド亜大陸の20億人近い人々に淡水を供給している。しかし、ここ数十年の温暖化によりヒンドゥークシュ・ヒマラヤ地域の氷河は急速に失われつつあり、今後も融解が進めば今世紀中に少なく見積もっても3分の1が消失すると予測されている（National Research Council, 2012）。

氷河は、その融解の過程では河川の洪水を引き起こす要因となる。また、融解が進めば、それら河川の流量減少による水不足を招く。洪水が頻発するようになれば、移民難民の発生や経済損失を通じて地域の安定を損なう。河川の流量減少による水不足も、水力発電や河川水運などの経済活動に支障を招くほか、限られた水資源をめぐる対立を呼ぶだろう。特に、メコン川、インダス川、ガンジス川のような国際河川の流量が減少すれば、その上流国と下流国との間で紛争が起きかねないと危惧される。

また、この地域では豪雨や台風の増加によって社会が不安定化する可能性もある。温暖化で平均気温が上昇すると、海面からの蒸発が増え、空気中に含まれる水蒸気の量も増加する。この影響によってインドや東アジアの熱帯モンスーン地域は、極端な豪雨に見舞われやすくなると考えられる (IPCC, 2021)。気候変動が進むと台風の進路や強度にも影響を与え、従来台風被害が少なかった地域でも洪水被害などが出る恐れもある (Altman, 2018)。こうした影響によってアジア太平洋地域では、温暖化による豪雨や暴風雨の深刻な被害にさらされる場所も増えると予想される。

既存の実証的研究では、洪水が内戦を長引かせる可能性が指摘されていることは第Ⅲ章で指摘した。洪水によって公共インフラが破壊されたり、政府の歳入が減少したりすることで、政府の治安能力が低下し、その結果として内戦が長引く傾向があるようだ (Ghimire and Ferreira, 2016)。また、フィリピンを対象とした研究では、降雨不順を契機に市民が不満を高めて政府と衝突することが増え、弾圧、内戦、テロを増加させるとの指摘もある (Eastin, 2018)。

(4) 食料危機

さらに、気候変動に伴う平均気温や降雨パターンの変化は、食料生産の減少や物価の上昇という経路を通じて、この地域の安定を脅かしかねない。アジアでは、なお人口の8割が農業に生計を依存しているため、気候変動による農業への影響は彼らの生活にも社会の安定にも大きな脅威である (IPCC, 2021)。

特に、アジア地域の重要な主食である米の生産は、温暖化の影響で不安定化しそうだ。例えばカンボジアでは、年間平均気温が1℃上昇すると米の収穫が10％減少するとされる（MEF and NCSD, 2019）。東南アジア地域では熱帯モンスーンの豊富な降雨と暖かい気温を利用して米の二期作が行われているが、気候変動の影響によりそれも難しくなると予想されている（MCAA, 2017）。したがって、米を主食ないし主要作物としているアジアの国々では、稲作の不安定化が社会的に大きな混乱要因となる可能性がある。

(5) 民族対立の激化

アジア太平洋地域には宗教や文化的背景の異なる数多くの民族が暮らしている。例えば、ラオスには150を超える民族が存在し、互いに対立しているものもある。ミャンマーにおける少数民族ロヒンギャの弾圧を見ても、この地域の国々が国内に抱える多数の民族や宗教グループに平和な共生環境を提供することの難しさが分かる。

気候変動による水不足や食料不足は、こうした民族間の緊張を高め、彼ら個々人の生命身体に危険が及んだり、紛争の可能性を高めたりすると考えられる。

特に、この地域に存在する暴力的な反政府組織が、気候変動の影響で活動を活発化させる可能性が危惧される。アジア太平洋地域には、例えばタイ南部の「パッタニ・マレー民族革命戦線」（BRN）、フィリピン南部の「アブ・サヤフ・グループ」（ASG）らイスラム国（ISIL）関連組織、同じくフィリピンの農村・山間部で活動する「新人民軍」（NPA）など、複数の反政府組織が存在する。

アジアでは、こうした反政府組織の活発化と気候変動との関係はこれまであまり報告されてきていないが、ナイジェリアでは、第Ⅲ章で述べたとおり、チャド湖の乾燥による生活困窮がイスラム系テロ組織ボコハラムの台頭を生んだと指摘されている（Rudincová, 2017）。職に就けない多くの若者にとって、テロ組織への参加こそ自らの生活を改善するための現実的な選択肢となったのだ。

若者の期待、特に経済的な期待が満たされないと、政府に対する不満が高まり、状況によっては暴力の一因となる可能性がある（Fetzek and ivekananda, 2015）。この点では、アジア太平洋地域にはフィリピンやラオスのように若年人口の多い国が複数あることにも注意が必要だろう。

(6) 気候変動の地政学的影響

気候変動が東アジア諸国のガバナンスや地政学的バランスに与える影響にも注意が必要である。例えば、脱炭素化に必要な技術や資源で優位に立てる国は、国際社会での影響力を高めることになると前章で指摘した。この点、中国の潜在力は大きい。例えば、リチウムイオンバッテリーの生産に必要なリチウムとコバルトの供給については、中国が大きなシェアを占めている。また、中国は今やソーラーパネル、風力タービン、各種電池、電気自動車の製造、輸出、設置で世界最大級の規模を誇る。今後、脱炭素化に欠かせない資源と技術を背景に、中国がさらに影響力を高める可能性もある。

また、気候変動は、アジア太平洋地域における主要シーレーンの優先順位を変化させるだろう。

石油への依存度が低下することで中東からホルムズ海峡、インド洋、マラッカ海峡を経て東アジアに至るシーレーンの重要性は今より低下しそうである。一方、北極圏では海氷の融解に伴いここを通る航路が開かれる。北極圏航路でアジアと欧州が通年結ばれれば、スエズ運河を経由する航路よりも3割ほど距離が短くなるとされることから、北極圏航路の実現もインド洋を経由するシーレーンの優先度を低下させる可能性がある。

(7) 北極圏をめぐる対立

こうした北極圏の温暖化の影響と、それがアジア太平洋諸国にもたらしうる対立の可能性を指摘しておこう。

北極圏とは、白夜の南限である北極線（北緯66度33分線）以北の地域であり、その域内には米国（アラスカの一部）、カナダ、ロシア、デンマーク（グリーンランド）、スウェーデン、ノルウェー、フィンランド、アイスランドの8カ国が領土を有する。

南極については1959年に採択された南極条約が領有権主張の凍結や平和利用を定めているが、北極圏についてはルールが未整備で周辺諸国の利害や主張が対立する。北極圏の経済活動や環境保護にかかる国際協力を図るため、前述の北極圏8カ国を常任加盟国とする北極評議会（Arctic Council）があるものの、安全保障や地政学的な対立の調整メカニズムとしては十分機能していない。

特に、気候変動によって北極圏で新たな経済的利益が開かれるにつれ、米国、ロシア、中国などアジア太平洋地域の大国の間で緊張が高まりつつある。北極圏の温暖化は地球の他の地域に比べて

2倍の速さで進行しており、その結果として北極圏には、航路、資源採掘、漁業などの新たな機会が開かれることになるからだ（USGCRP, 2017）。

例えば、7月から11月の夏季には、北極圏でも海氷が解けて船舶が航行できるようになってきた。北極海航路でアジアと欧州が結ばれれば、前述のとおりスエズ運河ルートよりも3割ほど距離が短くなることから、北極圏航路への注目が高まっている。

近年、北極圏に対する自国の権利を強く主張しつつあるのがロシアだ。自国沿岸の北極海航路を通る船舶に対して、事前許可の義務付けやロシア人水先案内人の同乗を要求し、従わない船舶には武力行使も辞さないとしている。またロシアは、北極圏に位置するコラ半島に主要な海軍基地を持ち、2021年には北極圏の防衛を担う北方艦隊を独立軍管区に昇格させて、この海域での軍事プレゼンスを拡大してきている。これに対して米国は、北極海航路での航行の自由を主張し、ロシアに近いバレンツ海で欧州諸国との合同海軍演習を実施するなどして、ロシアを牽制している（Huntington, 2022）。

また中国も、北極圏への関与を近年にわかに強めている。中国は北極海航路を「氷のシルクロード」と名付けて巨大経済圏構想「一帯一路」の一部に位置づけ、航路短縮による経済利益と地政学的影響力の確保への関心を見せている（Su and Huntington, 2021）。こうした動きに対して米国は、北極圏の秩序と安全への脅威として中国をロシアと同じく名指しで批判している（Office of the Undersecretary for Defense Policy, 2019）。

日本との関係においても、中国による北極圏の航路や漁業・鉱物資源の開発は、日中間で利害の衝突を生みかねない。加えて、中国船舶が北極圏に向かうために対馬海峡、日本海、津軽海峡などを頻繁に往来することになれば、それが偶発的な衝突を生む懸念もある。

2 地域各国が直面するリスク

気候変動の影響に対する脆弱性は、国によって大きな差があるのは第Ⅳ章で述べたとおりである。例えばシンガポール、オーストラリア、日本などの先進国は、それぞれ気候変動の影響にはさらされるが、その経済力、発展レベル、政治的安定などから、気候変動への適応力は高いと言える。一方、アジア太平洋地域には、住宅、治水施設、上下水道などのインフラが整っていなかったり、衛生、教育、保健医療といった社会サービスの供給が不十分な国も含まれる。また、この地域には、貧困や不平等、少数民族の抑圧、国家間の対立など、国内外に紛争の種を抱えた国も少なくない。

そこで本節では、気候安全保障リスクが比較的高いと見られるアジア太平洋諸国のなかから、日本とも関係の深い国々を中心にいくつか取り上げて、その気候安全保障リスクを見てみることにしよう。

(1) 中国

第Ⅵ章で述べたレアメタルや気候工学をめぐる対立、あるいは後述する南シナ海での領有権争いの深刻化など、中国が絡む気候安全保障リスクはいくつも指摘しうる。ここでは、水資源をめぐるリスクに的を絞って触れておこう。なぜなら、水資源不足こそ、中国と周辺諸国との間の気候安全保障リスクを考えるうえで重要な切り口の一つだからである。

中国には世界人口の約2割が暮らしているにもかかわらず、淡水資源は世界のわずか7%しか存在しない（Abbs, 2017）。中国では、産業の発展や都市化の進展により、今後も水への需要が高まると見られる。国内に不足する淡水資源を何とか確保しようとする中国の取り組みは、ともすれば近隣諸国との間で緊張を生みかねない。

①メコン川・ブラマプトラ川をめぐる軋轢

例えば、中国によってメコン川上流に建設または計画されたダムが、下流のミャンマー、ラオス、カンボジア、ベトナムとの間で既に軋轢を生んでいる（Qin, 2017）。メコン川は、タイでは耕地の50%がその流域に存在し、カンボジアでは人口の約半分が恵みを受けるトンレサップ湖の水源であり、また、ベトナムでは同国の米生産の半分以上を生み出す恵みの川である（UNDP, 2006）。

そのメコン川上流で中国は11のダムを建設し、さらに隣国ラオスでもダム建設を支援している。特にベトナムと中国は、南シナ海の領有権問題も抱えており、気候変動によるメコン川流量の減少と中国によるダム建設が両国の関係を今後さらに複雑にする可能性がある。

また、チベット高原に発してガンジス川と合流しベンガル湾へ注ぐブラマプトラ川も、中国、インド、バングラデシュの間の緊張を高めるものとなりかねない。中国は、このブラマプトラ川上流の中国領内にあるヤルンツァンポ川から1000キロのトンネルで水を引き、西部のタクラマカン砂漠を広大な穀倉地帯に変える計画を立てている。もし中国が本当にヤルンツァンポ川から大量に取水することになれば、下流のインド北東部とバングラデシュには深刻な影響が出かねない（Chen, 2017）。

②人工降雨プロジェクト

水資源をめぐる中国の動向に関しては、「天河（スカイリバー）工程」に代表される人工降雨プロジェクトにも注意が必要である。人工降雨は、上空の雲に雨の種となる粒子をまいて意図的に雨を降らせるものだ。そうした一方的な地球工学的手法は、周辺国との軋轢を生みかねないことを第Ⅵ章で指摘した。

「天河工程」は、チベット高原方面に大量の人工降雨装置を配置して、スペイン国土面積の3倍に相当する160万平方キロメートルの土地に年間100億トンもの雨を降らせようという壮大な計画だ（Jayaram, 2019）。

中国西部で大量の人工雨を降らせることになれば、その反動で近隣諸国に降雨不順が生じてもおかしくない。このプロジェクトについては中国国内でも実効性を疑問視する向きもあるが（Ni and Wang, 2018）、その実施は地域の緊張を高めると危惧される。

(2) 北朝鮮

北朝鮮は、核兵器を所持して高圧的な姿勢をとる国であり、また、海を挟んで日本と隣り合う国でもある。その体制や社会が気候変動のために不安定化すれば、影響は否応なく日本にも波及しうる。

この点、北朝鮮も、台風の激甚化、大洪水の頻発化、農作物の不作、海面上昇などといった気候変動の影響が、食料不安の悪化、インフラの損傷、気候移民の発生などにつながる可能性がある。その結果、政権の体制や社会の情勢も不安定となりかねない（Dill, 2021）。

①食料危機

北朝鮮にとって食料危機は特に深刻な問題だ。気候変動の影響で、北朝鮮は今より厳しい食料不足に見舞われそうだからである。もともと北朝鮮では、無計画な森林伐採や低い農業技術などのために、食料不安が何十年にもわたって人道上の懸念となってきた。米国農務省によれば、2020年時点で北朝鮮人口の59％以上が食料不足に直面しているとされる（Baquedano, 2020）。

特に2017年と2019年には深刻な干魃を経験し、米、大豆、トウモロコシなどの主要作物に壊滅的な被害が出た（BBC, 2019）。干魃は今後さらに深刻化し、2030年までに西部海岸沿いでは米やトウモロコシの収量に影響が出ると見られる（Dill, 2021）。

②洪水

加えて北朝鮮では、気候変動によって季節風が北上する影響で、台風の強度が増すとともに、異常降雨が増加すると予想されている。これによって大きな洪水が頻繁に発生することになれば、低地にある住宅、商業施設、軍事施設、交通インフラ、農地などに被害が及ぶ。また、海面上昇により、北朝鮮沿岸部では2050年までに約55万人が毎年のように洪水や高潮の脅威にさらされると予想されている（Schwalm, 2020）。

こうした気候変動の影響は、北朝鮮国内の統制と政権の安定性に影響するだけでなく、周辺諸国との間でも緊張を高めかねない。

特に気候変動の影響によって異常降雨や台風が激甚化・頻発化するようになると、北朝鮮から韓国に流れる河川の流量調整が南北関係を悪化させる懸案となりかねない。北朝鮮のいくつかの河川は、韓国西岸や朝韓国境沿いの臨津江に注いでいる。こうした河川上流で北朝鮮がダムの水を大量放流すると、下流の韓国に影響が出るのだ。

実際2009年には、臨津江上流の黄江ダムで北朝鮮が突然放流を行った結果、下流の韓国領内河畔でキャンプをしていた韓国人6名が増水で流され全員死亡する事故が発生している。この事件後、両国間で放流の事前通知について取り決めがなされているが、その後も北朝鮮は無断放流を繰り返している（Green, 2020）。

異常降雨や台風の激甚化・頻発化によって、北朝鮮が無断放流を繰り返したり、あるいはこれを意図的に悪用したりする機会が増えるなら、それは南北対立の新たな火種となりかねない。

③気候移民・気候難民

また、北朝鮮からの気候移民や気候難民の発生も、周辺諸国に影響を与えそうである。前述したような食料危機、洪水、海面上昇などの影響で、北朝鮮国民の生活状況がさらに悪化する場合、近隣諸国への脱北者が大量発生しかねないからである。

これまでも北朝鮮からは、1990年代の飢饉以来、主に中国と韓国へ脱北者が発生してきた。気候変動によりさらに脱北者が増加すれば、北朝鮮と周辺諸国との政治関係にとっては重荷になる。特に、脱北者を最も多く受け入れているのが中国であることに鑑みれば、今は比較的安定している中朝関係が気候移民や気候難民によって緊張するようになることも考えられる。

なお、気候変動の影響によって、かえって北朝鮮と地域諸国との間の対話と協力が促進される可能性もあろう。過去の非核化交渉では、食料援助が主要なテコとして機能した。今後は、気候変動の影響に対する緩和策や支援も重要なテコとなりうる。気候変動とその緩和策について北朝鮮との対話の場を開くことは、それ自体のメリットだけでなく、非核化などよりセンシティブな他の問題について交渉の道を開くきっかけともなるかもしれない。

(3) インド

次にインドについて見てみよう。そもそもインドは、気候変動に対して特に脆弱な国の一つである。インドは、すでに熱波、豪雨災害、サイクロンの激甚化、海面上昇など、気候変動の影響を強く受け始めている。今世紀半ばまでに、より深刻な干魃、作物収量の減少、洪水の増加などによって、幅広い国民が影響を受けると予想される（IPCC, 2021）。

①国内の紛争リスク

特に農業依存度の高さが、インドを気候変動に対して脆弱にしている。農業分野はインドのGDPの約2割を占めるにとどまるが、農業人口は全労働力人口の約5割を占め、全人口の7割ほどが農村部に暮らしている。主要な作物は、サトウキビ、米、小麦、野菜、果物などだ（MAFW, 2021）。

国際貧困ライン（一日一人あたり1・9米ドル）以下で暮らす貧困層の割合を都市と農村で比べると、前者が6・4％に対して後者は11・9％に達し、貧困層の多くが農村に集中している状況である（Roy and Van der Weide, 2022）。

これだけ農業ないし農村に人口や貧困層が集中した状況において、気候変動に伴う農業生産の低下が現実となれば、社会不満の拡大、暴力に加担する機会費用の低下、農村から都市への気候移民の発生といった経路を通じて、社会不安が高まることが懸念される（Wischnath and Buhaug, 2014）。

そうでなくてもインド国内では、これまでもテロ、反乱、暴力的な抗議行動、暴動など、様々な国内紛争が度々生じている。特に、カシミール地方、中・東部、北東部の3地域がインドの主な紛争地域だ（Shidore and Busby, 2020）。

気候変動は、そうした国内の紛争を激化させかねないと危惧されている。例えば、政府による不適切な災害対応が市民の不満を呼び、暴動に発展する恐れがある。2014年の大洪水時には、カシミール地方でインド軍が地元住民への救援活動を十分行わなかったとされ、住民たちが不満をためた（Annie, 2014）。こうした事態が今後も続けば、カシミール地方住民のインド中央政府に対する疎外感や反発が深まることも予想される。

また、気候変動に関連した洪水の頻発化や激甚化が懸念されるブラマプトラ川流域のアッサム州には分離主義運動があり、２０１９年には大規模な反政府抗議行動も経験した。分離主義運動は現在落ち着いているものの、深刻な洪水や災害が頻発するようになれば、ここでも政府の対応への不満をためる者、暴力に参加してでも現状を変えようとする者が増えかねないと危惧される（Shidore and Busby, 2020）。

②近隣諸国との紛争リスク

加えて、気候変動は、インドと近隣諸国との間で紛争を呼ぶ遠因ともなりうる。特に、インド、パキスタン、そして中国が領有権を争うカシミール地方からパキスタンを通って海に注ぐインダス川の水資源は、気候変動に伴いインドとパキスタンとの間の緊張を高めかねない。

インダス川は、パキスタンにとって主たる淡水源であり、また、パキスタンとインドの両国にとって水力発電に欠かせない存在でもある。インダス川の流量に大きな影響を及ぼすのが、カシミール地方の山岳氷河だ。この地域の氷河は、冬は雨や雪を凍らせ夏になると解けた水を放出する自然の貯水タンクのような役割を果たしている。

しかし、温暖化により氷河の融解が進展すれば、その過程で２０１０年や２０２２年に起きたような壊滅的な大洪水が増えると予測される。その場合、例えば、上流のインドのダム放水により下流のパキスタンに被害が出れば、両国の関係が悪化する恐れがある。それが意図的であれば、なおさらだ（Shidore, 2020）。

さらに将来、氷河の融解がさらに進んでインダス川の流量が減れば、水資源の共有は一層難しくなるだろう。インダス川の水資源をめぐっては、１９６０年にインドとパキスタンの間で「インダス川協定」が結ばれ、今のところ水資源の共有管理体制が保たれている。しかし、この協定は各々の国が独自に自国の領土内で水資源を開発利用することを認めている。このため、これまでも両国は、先を争うように自国側で大規模な水力発電ダムを建設してきた。こうした動きについては、特に上流部でインドが建設するダムに対して、下流のパキスタンが流量減少の懸念を訴えている(ibid)。

このようにインドは、国内の政治経済状況や隣国との緊張関係から、国内外で様々な安全保障上の課題を抱えている。気候変動は、そうした国内外の脅威を増幅することで、インドの国内外で紛争や社会不安のリスクを高めるものとなる可能性がある。

(4) 東南アジア

東南アジアには、南シナ海における海洋境界線の争い、マラッカ海峡や南シナ海における海賊行為、違法・無規制・無報告（ＩＵＵ）漁業の横行、反政府組織のテロ行為など、もともと数多くの安全保障リスクが存在する。さらに東南アジアの国々のなかには、民族間の対立、低いガバナンス能力、社会サービスやインフラの未整備、高い農業依存度など、第Ⅳ章で指摘した脆弱性の条件をいくつも国内に抱えたところが少なくない。

このうえに海面上昇、災害や異常気象、食料危機、生活苦、政府のガバナンス能力低下といった気候変動の影響が重層的に重なり合うことで、東南アジアの安全保障環境は今後一層複雑さを増しかねないと懸念されている（Fetzek et al., 2020）。

東南アジアは日本との経済的結びつきが強く、その不安定化は単なる対岸の火事では済まない。そこで以下では、特に日本経済と結びつきの強い国としてタイ、フィリピン、ベトナムを取り上げて、紛争の発生や社会の不安定化にも関係しうる気候変動の影響を個別に見てみよう。

①タイ

「Global Climate Risk Index 2021」によると、タイは過去20年間で異常気象の影響を最も受けた上位10カ国の一つ（第9位）に挙げられる。特に洪水は、経済的・人的な被害という点で、タイにとって大きな脅威である。タイでは、洪水関連の年間平均損失額が約26億ドル（1ドル130円の為替レートなら3380億円）にのぼる（WBG and ADB, 2021a）。

今後は、気候変動によってタイ全土で大規模な洪水が増加しそうである（Promchote, 2016）。2035年から2044年までに激甚な洪水の影響を受ける人口は、今より230万人ほど増えるという予測がある（Willner et al., 2018）。

特に沿岸部では、海面上昇に地盤沈下の影響が重なり、洪水が深刻化しそうだ。タイ湾では1985年から2009年にかけて海面が年に最大12・7ミリも上昇したが、これは主に河口での地盤沈下によるものである（Sojisuporn et al., 2013）。こうした地盤沈下に、気候変動による海面上昇と激甚な台風による高潮が重なると、タイ沿岸部は深刻な洪水被害を受けると予想される。なかでも首都バンコクは、平均海抜が1メートル程度の湿地帯にあり、毎年1～2センチずつ地盤が沈下している。このため、早くも２０３０年頃には都市全体の40％が浸水被害を受けるとの予測もある（Kurukulasuriya and Rosenthal, 2003）。

洪水や浸水は、観光地や工業地帯の経済活動にも影響する。実際２０１１年には、モンスーンの雨季に激甚な台風が重なったことでチャオプラヤ川流域で大規模な洪水が発生し、死者８１５人、被災者１３６０万人という甚大な被害を出した。この洪水による経済損失は４５０億ドル（1ドル１３０円の為替レートなら5兆８５００億円）に上るとされる。後述するとおり、多くの日本企業のタイ拠点も被災し、数カ月にわたって操業が停止したことをご記憶の読者も少なくないだろう。

②フィリピン

フィリピンは、世界で最も気候関連災害に対して脆弱な国の一つとして、「Global Climate Risk Index 2021」ではタイよりも上位の世界4位にランクされている。今後は気候変動の影響により、台風や異常気象の激甚化・頻発化、洪水や高潮の深刻化、地滑りの増加、海面上昇、海水温上昇など、今まで以上の災害リスクがフィリピンを襲うと予想されている（WBG and ADB, 2021b）。

フィリピンは、もともと世界で最も台風の多い国の一つであるが、上陸する台風の数は過去70年間で着実に増加している（Takagi and Esteban, 2016）。台風は、地滑りを引き起こしたり、深刻な洪水を引き起こしたりすることで、多くの生命と財産を奪う。気候変動によって台風が頻発化、激甚化することで、フィリピンでは2050年までに年間の台風被害額が最大35％増加するとも予想されている（WBG and ADB, 2021b）。

海面上昇も、フィリピンにとって大きな脅威である。もし今後、世界各国が適切な気候変動対策を行わず今世紀末までに3・2℃から5・4℃の温暖化が起きるような場合には、フィリピンでは2070年から2100年までの間に100万人が海面上昇による洪水にさらされるようになるという（UK Met Office, 2014）。

特に一部の沿岸地域では、過剰な地下水の採取による地盤沈下が生じており、これによってタイと同じように海面上昇が相対的に深刻化する事態になっている。例えばマニラ湾では、地盤沈下の影響も相まって、1960年から2012年の間に年間平均15ミリという世界平均の9倍のペースで海面上昇が生じている（Morin, 2016）。

海面上昇の影響と相まって、台風による高潮の被害も拡大しうる。フィリピンは、気候変動に伴う高潮の影響に対しても世界で最も脆弱な国の一つである。特にマニラ首都圏では、高潮の高さが10％上昇した場合、その脅威にさらされる人口が340万人増加すると指摘されている（Brecht, 2012）。

気候変動に対してフィリピンの脆弱性を特に高めているのが、その農業依存度の高さである。農業がフィリピンのGDPに占める割合は2020年時点で約1割であるが、労働人口の約3割を農業が支えている。米、トウモロコシ、サトウキビ、バナナ、ココナッツが主要作物である。人口の多くが直接的または間接的に農業部門に依存しているため、洪水や干魃などの気候ショックに対して脆弱な経済構造となっているのだ（WBG and ADB, 2021b）。

気候変動の影響で、フィリピンでは２０５０年までに農業生産性が9～21％低下すると予測されている。これは、主要な農地の最大85％が台風、洪水、干魃による影響を受ける可能性があることに加え、温暖化で厳しさを増す猛烈な暑さのために屋外で働く農業従事者の労働生産性が下がると考えられるためである（ibid）。

③ベトナム

ベトナムも、洪水、干魃、台風、熱波など、様々な気候変動リスクに直面している。特に洪水は、ベトナム経済にとって最大のリスクの一つである。ベトナムの洪水は、北部の紅河と南部のメコン川が形成する二つのデルタ地帯で集中的に発生する。これらデルタ地帯には、首都ハノイと経済都市ホーチミンを中心とする大都市圏があり、工業と農業の経済活動もその周辺に集まっている。このため、ひとたび激甚な洪水がこれら地域を襲えば、その影響はベトナムにとって甚大なものとなる（WBG and ADB, 2020）。

ベトナムで洪水の影響を受ける人口は、２０１０年時点で年間93万人、ＧＤＰへの年間影響額は26億ドルほどであったとされる。しかし、このまま温暖化対策が進まなければ、２０３０年には洪水被害を受ける人口が46％増加し、ＧＤＰへの年間影響額は２・４倍になる可能性があるという（Bangalore, 2016）。別の調査では、気候変動の結果として２０３５年から２０４４年までに極端な河川洪水の影響を受ける人口が１０００万人規模で増加する可能性も指摘されている（Willner, 2018）。

また、死者数、被災者数、被害総額の点で、台風もベトナムにとって大きな脅威である。特に北部沿岸では台風の上陸が多い。海面上昇と台風の激甚化が相まって、ベトナムでは高潮にさらされる沿岸地域が大幅に増えると予想される。ある研究によると、紅河デルタ地域を襲う激甚な高潮の影響により、２０５０年にはベトナムＧＤＰの９％が危険にさらされるようになるとも推計されている（Neumann, 2015）。

気候変動は、ベトナムの食料生産にも影響を与えそうだ。特に米への影響が懸念されている。米はベトナムの主食であり、その大半はメコン川デルタと紅河デルタで栽培されている。気候変動による高温、塩害、干魃、洪水などが、これら地域での稲作にとって脅威となる。その悪影響は、大気中の二酸化炭素濃度の増加による恩恵や作付け時期の変更によって部分的に相殺されるかもしれない。それでも、天水稲作の収量は２０４０年までに最大50％以上、灌漑稲作の収量も最大23％減少する可能性が指摘されている（Jiang, 2019）。

また、漁業や養殖業への影響も心配されている。漁業や養殖業は、ベトナムにとってＧＤＰと雇用のそれぞれ約6～7％程度を占める重要産業である。しかし、気候変動に伴う海水温上昇、海水酸性化、洪水、塩水遡上（海水が河川をさかのぼる現象）などの影響で、漁業や養殖業の生産が減少する可能性がある。国連食糧農業機関（ＦＡＯ）の予測によれば、気候変動の影響によりベトナムの漁獲は２０５０年までに6％から11％減少しうるという（FAO, 2018）。

農業や漁業など食料生産が落ち込めば、貧困と困窮が気候変動リスクに対するベトナムの脆弱性をさらに高めるだろう。ベトナムは、人口の約10％が栄養不良にあることから、食料生産のわずかな減少でも危機的な状況に陥る可能性がある。アジア開発銀行（ＡＤＢ）の行った調査によれば、4年に一度の頻度で発生する程度の洪水や干魃によってすら、貧困世帯は約50％の確率で極貧状態に陥るという（ADB, 2017）。

このように東南アジアには、タイ、フィリピン、ベトナムなど、気候変動の影響に脆弱な国が複数存在する。これらの国々のなかには、民族間の対立、社会サービスやインフラの未整備、高い農業依存度など、気候変動の影響が紛争や暴動にエスカレートしかねない条件を抱えた国も少なくない。もともと複数の安全保障リスクが存在する東南アジアで気候変動の影響が顕在化していくと、その安全保障環境は今後一層複雑さを増しかねない。

3　日本の気候安全保障リスクと対応

ここまで見てきたとおり、日本の周辺地域には、気候移民、領有権争い、洪水や水不足、食料危機、その他の地政学的影響など、様々な気候安全保障リスクを抱えた国々が散見される。日本は、自国内の気候安全保障リスクのみならず、こうした周辺地域からの間接的なリスクにも直面することになる。

そこで本節は、日本の気候安全保障リスクについて述べるとともに、地域の大国として日本がアジア太平洋の気候安全保障リスク低減のために果たしうる役割についても言及しておきたい。

(1) 日本の気候安全保障リスク

日本も気候変動の影響を受ける。世界の平均気温上昇が産業革命前と比べて2℃未満に抑えられたとしても、日本では、大雨（日降水量200ミリ以上）の年間日数は今より約1・5倍に増え、傘がまったく役に立たないような短時間強雨（1時間降水量50ミリ以上）の発生頻度も約1・6倍になると予測されている。日本の南海上では、猛烈な台風（最大風速54メートル／秒以上）の発生も増える。今までは10年に1回ほどの頻度でしか発生しなかったような極端な高波も増えるという（文部科学省、気象庁、2020）。

しかし、第Ⅳ章で述べた脆弱性の条件に照らすと、日本は、こうした気候変動の影響に対して比較的高い適応力があり、また、激しい民族対立などの紛争の温床も国内に存在しない。そのため、気候変動が日本国内で紛争を引き起こす事態は想像しがたい。

ただし日本も、気候安全保障リスクとまったく無縁というわけではない。日本が直面しうる気候安全保障リスクには、①周辺海域における領有権や排他的経済水域をめぐる対立、②近隣諸国からの気候移民、気候難民の増加、③アジア諸国を中心としたサプライチェーンや現地市場の損壊による経済低迷、といった要因が招く近隣諸国との対立や国内の不安定化が含まれうる。以下、個別に説明しよう。

図7-1　日本の排他的経済水域と沖ノ鳥島

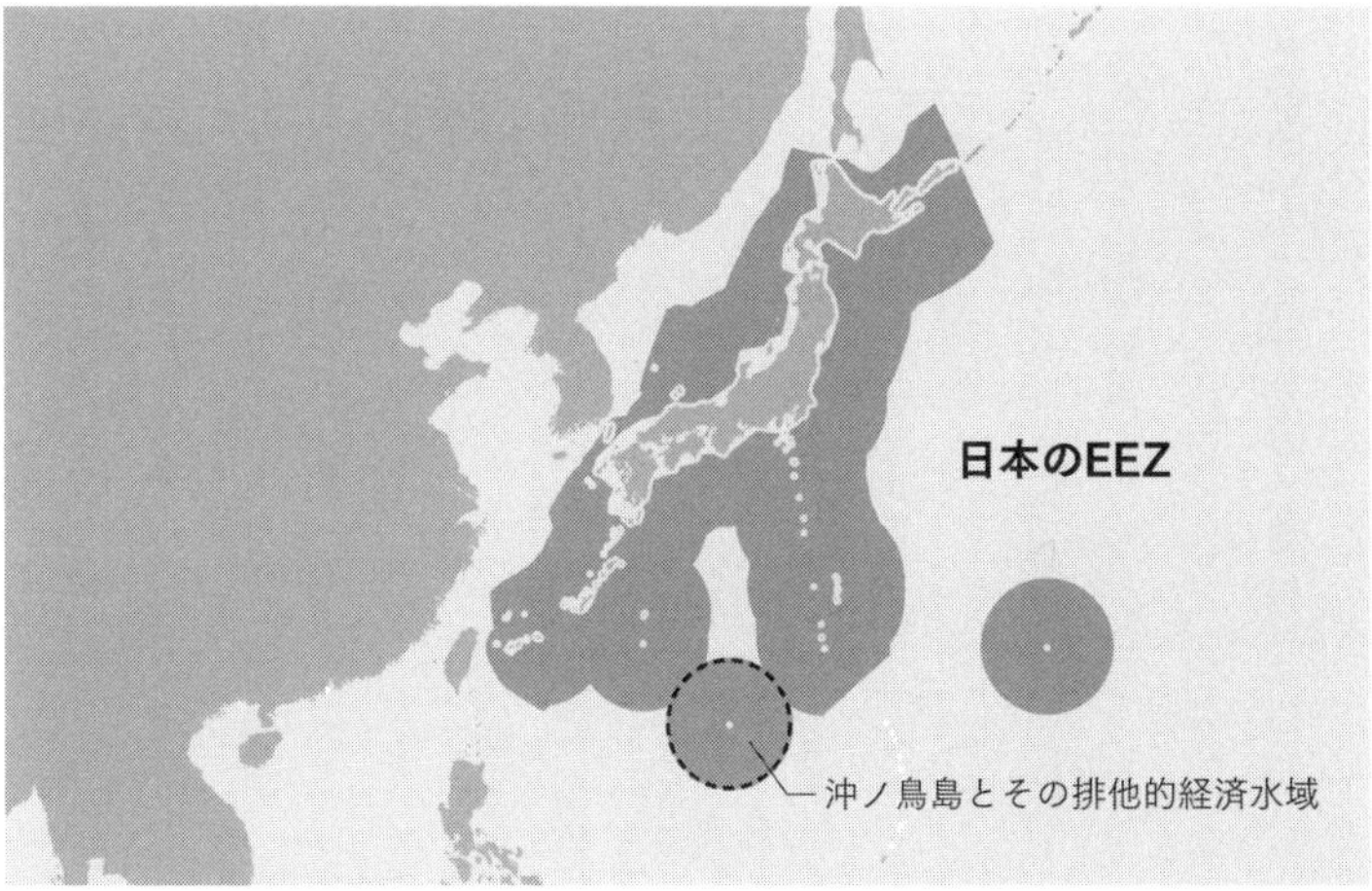

注）破線とその見出しは筆者による追加
出所）日本経済新聞HP（https://www.nikkei.com/article/DGXZQOGE254IL0V20C21A1000000/）

①沖ノ鳥島をめぐるリスク

日本周辺海域における対立の種として、特に深刻な事態を招きかねないのが沖ノ鳥島だ。日本の最南端に位置する沖ノ鳥島は、日本の国土面積約38万平方キロメートルを上回る約40万平方キロメートルの排他的経済水域を支える島である（図7−1参照）。特にその周辺の海底には、コバルトやニッケルなど、再生可能エネルギーの安定供給や電気自動車生産に必要なレアメタルが賦存すると期待されている（国土交通省、2021）。

ところが、東西4・5キロメートル、南北1・7キロメートルの環礁で構成される沖ノ鳥島は、満潮時には東小島と北小島というわずかな陸地を残して海の下に沈んでしまう。東小島と北小島も、2004年の調査時点で、それぞれ満潮時には6センチと16センチしか海上に出ていない状態であった（日本財団、

2005)。

日本沿岸の平均海面水位は、2℃の温暖化でも現在より40センチほど上昇する見込みだ(文部科学省、気象庁、2020)。IPCC第6次評価報告書によれば、2006~2018年の間だけで年に3・2ミリから4・2ミリも海面上昇したということであるから、この間に4~5センチほど海面水位が上がった計算になる(IPCC, 2021)。東小島は、既に満潮時にはほとんど海面上に出ない状態なのかもしれない。

国連海洋法条約は、低潮時には水面上にあっても高潮時には水中に没する水に囲まれた陸地を「低潮高地」と呼び、その周辺の領海も排他的経済水域も認めていない。沖ノ鳥島が海面上昇によって早晩この低潮高地となれば、その周囲に広がる約40万平方キロメートルの排他的経済水域を日本は失うことになるのだ。

そもそも中国は、今でも沖ノ鳥島を島ではなく岩だと主張し、日本の排他的経済水域を否定している。沖ノ鳥島周辺海域の経済的あるいは軍事的な重要性に鑑みると、沖ノ鳥島の全域が満潮時に水没するようになると、いよいよ中国がこの海域での活動を活発化させても何ら不思議はない。場合によっては、沖ノ鳥島周辺海域は、日本と中国の間での衝突事故や偶発的な争いすら危惧される危険な海域となりうる。

②気候移民が招く社会の分断

また、気候変動の影響が顕在化するにつれ、日本への気候移民や気候難民の受け入れ圧力は高ま

図7-2　外国人の増加に対する意識

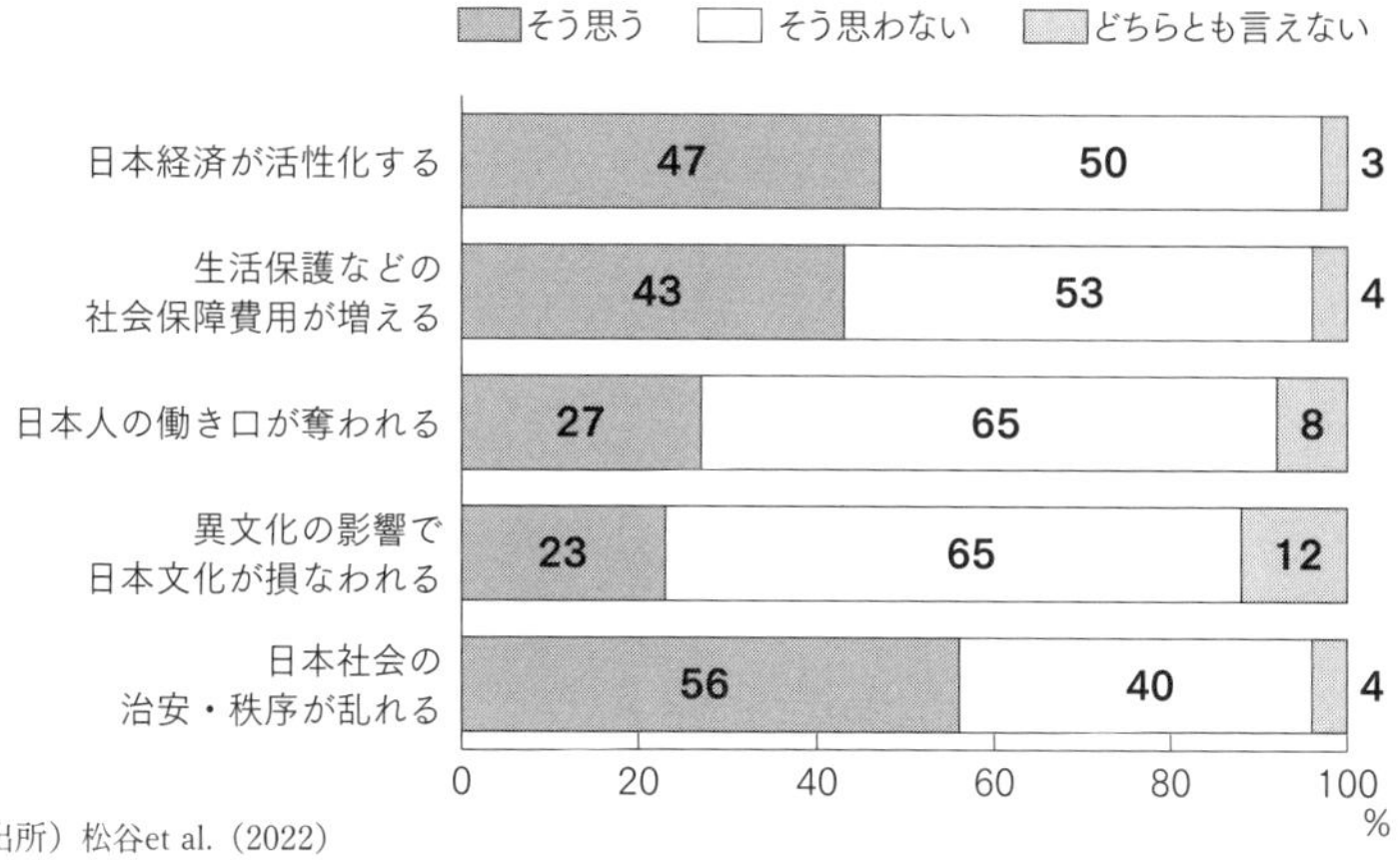

出所）松谷et al.（2022）

るだろう。前述したとおり、アジア太平洋諸国では気候移民や気候難民が多く発生すると予測されるからだ。

少子高齢化に直面する日本では、外国人を積極的に受け入れるべきとする声がある一方、社会全体の意識としてはその受け入れに消極的である。「国際化と市民の政治参加に関する世論調査（２０２１年版）」によると、日本に住む外国人の増加により「日本社会の治安・秩序が乱れる」と考えている人は回答者の56％に上る（図７－２参照）。

外国人の増加に否定的な世論が支配的ななかで移民や難民の増加が進めば、彼らに対して強い反発が国内で生じかねない。実際、ヨーロッパでは、移民の増加が愛国主義、民族主義、移民排斥といった社会感情を高め、社会を二極化する政治的な不安定を招いている。特に、ハンガリー、ポーランド、トルコなどでは、こうした政治社会の不安定化に対して、政府が反移民政策をとり、民主的自由の制限すらし

図7-3　海外進出日系企業拠点数（2021年）

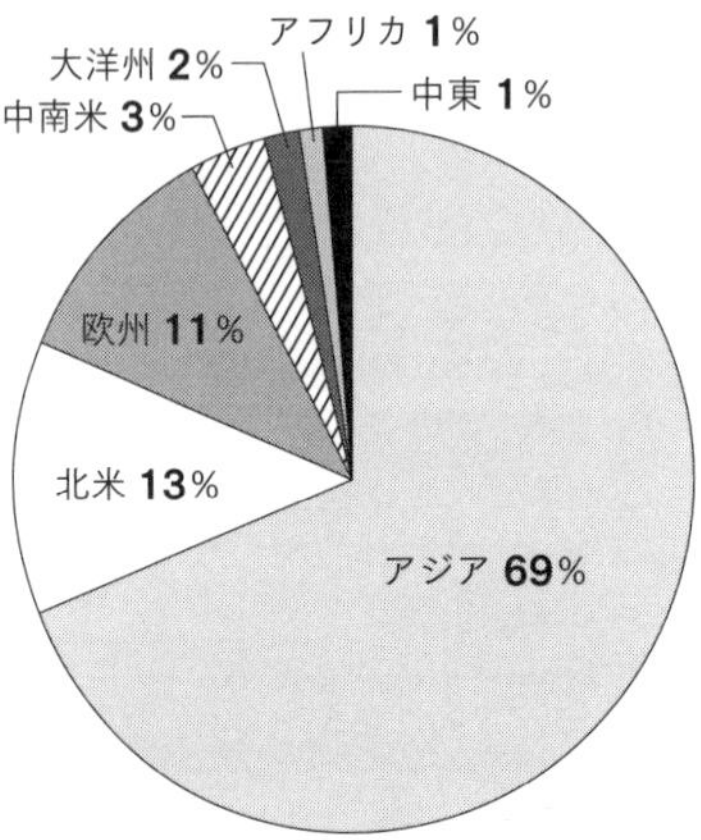

出所）外務省（2022）より筆者作成

ている。移民の増加や格差の拡大は、日本でも政治的動揺を引き起こしかねない。

③経済依存を通じたリスク

気候変動に起因してアジア周辺諸国から日本へもたらされる脅威は、気候移民ばかりではない。アジア地域にサプライチェーンや海外市場の点で大きく依存している日本経済の構造に変化がない限り、これら地域の気候安全保障リスクは間接的に日本にも大きく影響しうる。

「海外進出日系企業拠点数調査」（外務省、２０２２）によれば、２０２１年現在、海外に進出している日本企業の総数（拠点数）は７万７５５１あり、そのうち実に7割の5万３４３１がアジアに立地する。国別の日本企業数（拠点数）を見ても、中国が3万１０４７と圧倒的多数を占め、タイ、インド、ベトナム、インドネシア、フィリピンなどが上位を占める（図７－３参照）。

図7-4　日本の貿易相手国上位10カ国（輸出入総額：2020年）

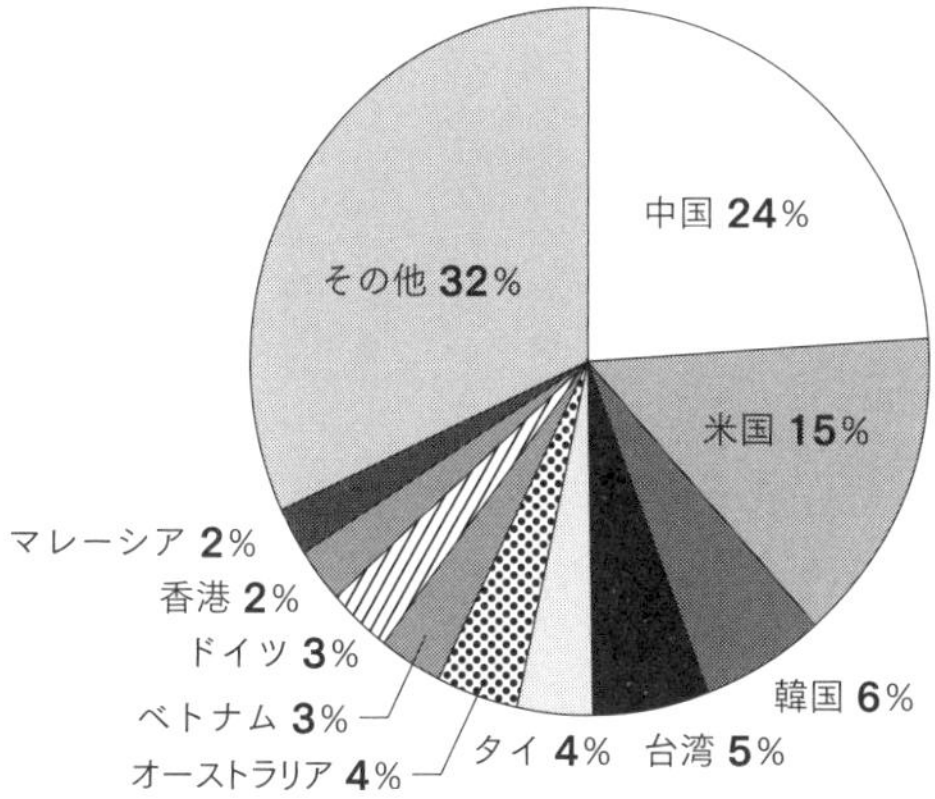

出所）財務省（2021）より筆者作成

また日本の貿易総額に占める割合で見ても、2020年時点でアジアは54・2%を占めている（財務省、2021）。国別では、やはり中国（23・9%）が最大の貿易相手であるほか、タイ（3・9%、5位）、ベトナム（3・1%、7位）、マレーシア（2・2%、10位）などアジア諸国が日本の主たる貿易相手となっている（図7－4参照）。これらのデータからは、日本経済がアジア近隣諸国のサプライチェーンと市場に大きく依存していることがうかがえる。

懸念されるのは、こうした中国、タイ、ベトナム、インドといった日本の主たる経済パートナーは、いずれも気候変動への脆弱性が比較的大きく、気候安全保障リスクの高い国々だという点だ。

例えば、2011年にタイを襲ったチャオプラヤ川流域の洪水は、先にも触れたとおり日本経済にも大きな影響を与えるものであった。日系企業が多く所在するアユタヤ県内のロージャナ工業団地をはじめ計7カ所の工業団地がほぼ全域で冠水し、トヨタ、日産、ホンダ、ニコン、TDK、東レなど数百に上る日系企業が被災した。その影響は甚大で、3兆6000億円にのぼる経済損失が発生したほか、世界中のサプライチェーンにも影響したのは前述のとおりである。この洪水の影響もあって日本は、この年に1980年以来31年ぶりの貿易赤字を計上している（南石 et al., 2021）。

気候変動によって、こうした激甚な洪水、異常降雨、台風などは増えると予想されている。経済的な結びつきが強いアジア近隣諸国がひとたび自然災害で大きな被害を受ければ、その影響は日本経済にもすぐさま飛び火する。

経済停滞が社会不安を生むメカニズムを第Ⅲ章で述べた。気候変動に対して日本自身が脆弱でなくても、脆弱なアジア近隣諸国との経済依存関係を通じて、影響は日本にも間接的に及ぶのだ。特に、アジア近隣諸国との経済依存関係を通じた影響は、そうした国々と結びつきの強い部門の業績やそこに従事する人々の生活を集中的に脅かす。気候変動による経済成長の低下とそれに伴う社会の不安定化は、日本にとっても対岸の火事ではない。

(2) 気候安全保障リスクの回避策

ここまで本章で述べてきたとおり、日本とその周辺諸国も今後、複合的な気候安全保障リスクに直面する可能性が十分ある。気候変動が「脅威の乗数」として増幅的に社会の平和と安定を脅かしうること、そして、いったん歯車が動き始めれば不可逆的かもしれないことを考えれば、日本も気候変動を遠因とする暴動や紛争を回避する努力に今から取り掛かるべきだろう。

図7-5　気候安全保障リスク回避に向けた日本政府への提言

① **アジア諸国の脆弱性低減支援** 地域諸国の適応力向上・脆弱性低減支援 ② **気候変動対策推進** 気候変動を緩和できれば、それに起因する紛争のリスクも緩和 アジア太平洋グリーン水素ネットワークの構築等を通じて脱炭素推進を ③ **気候変動リスクに関する包括的政策対話** 中国など近隣諸国と気候変動関連問題を包括的に話し合うハイレベル対話 ④ **気候変動に応じた新たな国際ルールの形成** 島嶼国や低海抜国と協力した領土・領海・EEZの新たなルール形成 （例：沖ノ鳥島などの「低潮高地」をめぐる新たなルール）

では日本は、この地域の大国の一つとして、今後直面しうる気候安全保障リスクの回避にどう取り組んでいったらよいのだろうか？　気候安全保障リスクの低下策については第Ⅳ章でも触れたが、以下では、特に日本が周辺地域の気候安全保障リスク回避のために採りうる策を述べて、本章を終えることにしよう（図表7－5参照）。

①地域諸国の適応力向上支援

アジア太平洋の気候安全保障リスク低減のために日本がなしうる一点目は、気候変動に対する地域諸国の適応力を向上させ、脆弱性を低減する支援だ。第Ⅳ章で述べたとおり、気候変動が紛争のリスクをどの程度高めるかは、その国や地域が持つ適応力、すなわち経済発展レベルやガバナンス能力、その他様々な社会情勢によって異なりうる。日本が近隣諸国の経済社会発展を支援することで、気候変動に対する彼らの脆弱性低下に寄与できるだろう。

低開発の国や農業に依存した国などは、気候変動の影響を受けやすい。このため、気候変動に起因する紛争に見舞われるリスクも高くなる。こうした国に対しては、農業の強靱化や産業の高度化支援が気候安全保障リスクを下げる一助になるだろう。なお、産業支援にあたっては、脱炭素との両立も図るべきことは言うまでもない。

また、海面上昇、異常気象、自然災害に備えたインフラ整備も必要だ。都市インフラや社会サービスについても、それらが十分整備されていない途上国では気候変動と紛争とが結びつきやすくなるからだ。

民主化支援やガバナンス強化も重要である。非民主主義国では、異常気象や自然災害に伴う経済的ショックが内戦につながる可能性が高いと指摘されているからだ。また、地理上あるいは経済社会上の脆弱性を潜在的に抱えた国や地域であっても、異常気象や自然災害に適切に対処できる制度や準備があれば、必ずしも平和安定の脅威とはならない。日本の防災や減災のノウハウを活かしたインフラ支援や技術協力が今後一層重要になるだろう。

日本は、長らくアジア太平洋地域の主要な開発援助供与国である。今後は、地域の気候安全保障リスクを低減するという観点からも、アジア太平洋諸国の経済社会開発や制度構築を一層積極的に支援し、彼らの気候変動適応力を高めていくことが求められよう。

②グリーン水素ネットワークの構築

アジア太平洋地域の気候安全保障リスク低減のために日本がなしうる二点目は、月並みではあるが、温室効果ガス削減による気候変動対策の推進だ。そもそも気候変動の深刻化を食い止められれば、それが招く紛争のリスクも下げられる。逆に言えば、気候変動が深刻化するほど、それを遠因とする紛争リスクも高まる。したがって、気候変動対策は気候安全保障の観点からも重要である。

この点、特に日本に期待したいのは、アジア太平洋地域におけるグリーン水素の安定供給網の構築と、それを活用した脱炭素の普及である。

第Ⅵ章でも述べたとおり、グリーン水素は今後の世界に地政学的変化をもたらす要因となりうる。燃やしても二酸化炭素を出さない水素は、輸送機器の燃料のほか、火力発電、製鉄、化学工業、セメント製造などでも化石燃料の代替として有望視されているのだ。

特に日本、中国、韓国、東南アジアなどの工業国では、火力発電に大きく依存する国が多く、また、製鉄、化学工業、セメント製造といった温室効果ガス排出量の大きな産業も盛んである。その脱炭素を進めるため、アジア諸国では今後グリーン水素やそれを変換したアンモニアの需要が高まるだろう。

日本は、早くから水素エネルギー関連技術の開発に着手し、トヨタ自動車、日産自動車、パナソニックなどの日本企業が数多くの関連特許を保有している。政府も２０１７年に水素エネルギー普及の国家戦略「水素基本戦略」を打ち出し、世界に先駆けてこれを推進してきた。

一方、グリーン水素の大量供給は、豊富な再生可能エネルギー、巨大な太陽光発電所や風力発電所を建設するためのスペース、潤沢な水資源などの条件を揃える必要がある。このため、グリーン水素の主要輸出国として存在感を高めるのは、オーストラリア、中東、南米など条件の揃った国に限られそうだ。

そこで、こうした水素の需要国と供給国を結び、アジア太平洋地域の脱炭素を促進するグリーン水素ネットワークの構築が望まれる。

水素エネルギーに一日の長がある日本は、アジア諸国においてグリーン水素の導入を積極的に支援することで、それら諸国の脱炭素に貢献できるのみならず、日本企業の水素エネルギー関連設備や製品の市場開拓にもつなげることができよう。また、安価で大量のグリーン水素が日本やアジアの消費国に安定的に供給されるよう、オーストラリア、中東、南米などの水素供給国とも協力した供給網の構築が必要である。

グリーン水素ネットワークの構築には、途上国市場の開拓、国際ルールの整備、国際標準の決定など、政府が果たすべき役割は大きい。その労を日本政府がとり、日本の産業発展とアジア太平洋地域の脱炭素に貢献することを期待したい。

③気候変動リスクの包括的政策対話

気候変動に起因する地域諸国間の紛争リスクを回避するためには、ここまで述べた開発援助や気候変動対策の地域協力とともに、懸念やリスクについて政府間で話し合いの場を持つことも必要だ。そこで、日本がなしうる気候安全保障リスク回避策の一つとして、アジア太平洋諸国間で気候変動関連問題を包括的に話し合う政策対話の構築を日本が主導することを提案したい。

気候変動の影響を話し合う政策対話としては、これまでも「グリーン開発と気候に関するアジア太平洋パートナーシップ」や「東アジア低炭素成長パートナーシップ対話」といった枠組みで対話が行われてきた。

ただ残念ながら、既存の枠組みは継続的な実施とはなっていない。また、これらの枠組みは外務、環境、エネルギーなど限られた分野の閣僚や政府機関が参加するものだ。この点、本書が指摘してきたとおり、気候変動が影響する分野は多岐にわたる。そのため、気候変動に起因する懸念を話し合い、衝突のリスクを下げるためには、幅広い政府部門の参加が必要だ。日本なら環境省、経済産業省、外務省に加え、農林水産省、防衛省、国土交通省、海上保安庁などの参加も得たい。

日本としては、沖ノ鳥島のような海面上昇に伴う土地の水没に対応した新たな国際ルールの策定、水素やレアアース・レアメタルの安定供給、気候変動に伴う近隣諸国との衝突回避、あるいは気候変動緩和策や適応力強化の支援といったテーマについて、アジア太平洋地域の国々と協力を積み重ねていくことは有意義なはずだ。

気候変動は、他分野では対立しがちな国も対話枠組みに引き込みやすいテーマである。中国、米国、インドなどの温室効果ガスの主要排出国、東南アジアの新興国、大洋州の島嶼国、オーストラリアのような資源国、さらに可能なら北朝鮮も取り込んで、地域の気候安全保障リスクの低減を協議できるよう、日本が対話枠組みの構築維持に外交努力を尽くすことを期待したい。

あとがき

本書の出版企画にお声がけいただいたのは、筆者が２０２１年10月に日本経済新聞「やさしい経済学」欄で気候安全保障に関する連載投稿をしたのがきっかけだ。ちょうどイギリスのグラスゴーで第26回気候変動枠組条約締約国会議（ＣＯＰ26）が開催され、日本でも気候変動の影響に関心が高まっていた頃である。２０２２年はＩＰＣＣ第６次評価報告書公表の年であり、何とかその年のうちに本書を世に出したいと考えていたが、初稿が書き上がったのは、お誘いをいただいてから１年以上も経った２０２２年11月になってしまった。

気候変動と紛争との関係については、２００７年以来、多くの学術論文や各機関の報告書などで盛んに議論されている。本書では、数百に上る学術論文や報告書などを参照しつつ、気候安全保障に関する既存の知見をまとめ、できうる限り分かりやすく伝えるよう努めた。

気候安全保障を多角的に論じてみようとした結果、本書が扱うトピックは、気候変動と紛争との相関関係に関する定量分析の評価から、エネルギー転換や気候工学がもたらす地政学的な影響、アジア太平洋地域に焦点を当てた気候安全保障リスクの予測まで、実に幅広いものとなった。気候安全保障に関する書籍は国内外に皆無ではないが、包括性という点において本書は国内外の類書と一線を画すものと自負している。

気候安全保障という分野は、気候変動に関する自然科学的な評価を前提に、紛争という社会科学的な現象について考えるものだ。これを正確に理解して人に伝える作業は、学際的な知識と能力を必要とする。浅学菲才の筆者には、実に無謀な挑戦であったと自覚している。もちろん本書の内容については間違いのないよう確認を重ねたつもりであるが、不正確な記述や分かりにくい表現が本書中に残っていれば、それはひとえに筆者の力不足のゆえである。何卒ご海容いただきたい。また、編集の都合上、本文中に引用した人名の敬称を省略させていただいたことも、ここでお詫びしておく。

最後に、気候安全保障という日本では馴染みの薄いテーマについて出版の機会を筆者に与えてくださり、根気よく原稿の完成を待っていただいた日経ＢＰの堀口祐介氏に、この場を借りて感謝を申し上げたい。氏のご理解とご支援がなければ、本書を世に問うことは叶わなかった。

日本は、気候変動問題に対する関心が比較的低い国と思う。本書が、気候変動とそれがもたらすリスクについて一人でも多くの方に関心を寄せていただけるきっかけとなれば、筆者にとって望外の喜びである。

関山　健

２０２３年　春光天地に満ちる京都鴨川のほとりにて

sea-level rise in the Gulf of Thailand. *Maejo International Journal of Science and Technology, 7,* 106-113.

Su, P. and Huntington, H. P. (2021) Using critical geopolitical discourse to examine China's engagement in Arctic affairs. *Territory, Politics, Governance,* 1-18.

Takagi, H. and Esteban, M. (2016) Statistics of tropical cyclone landfalls in the Philippines: unusual characteristics of 2013 Typhoon Haiyan. *Natural Hazards, 80*(1), 211-222.

UK Met Office (2014) *Human dynamics of climate change: Technical Report.* Met Office, UK Government.

UNDP (2006) *Human Development Report 2006.* UNDP, New York.

USGCRP (2017) *Climate Science Special Report: Fourth National Climate Assessment, Volume I.* U.S. Global Change Research Program, Washington DC.

WBG (2018) Philippines Catastrophe Risk Modeling Assessment and Modeling. GFDRR, Disaster Risk, Financing & Insurance Program.

—— and ADB (2020) *Climate Risk Country Profile: Vietnam.* The World Bank Group and the Asian Development Bank.

—— and ADB (2021a) *Climate Risk Country Profile: Thailand.* The World Bank Group and the Asian Development Bank.

—— and ADB (2021b) *Climate Risk Country Profile: Philippines.* The World Bank Group and the Asian Development Bank.

Willner, S. N., Levermann, A., Zhao, F. and Frieler, K. (2018) Adaptation required to preserve future high-end river flood risk at present levels. *Science advances, 4*(1), eaao1914.

Wischnath, G. and Buhaug, H. (2014) Rice or riots: On food production and conflict severity across India. *Political Geography, 43,* 6-15.

Academies Press.
Neumann, J. E., Emanuel, K. A., Ravela, S., Ludwig, L. C. and Verly, C. (2015) Risks of coastal storm surge and the effect of sea level rise in the Red River Delta, Vietnam. *Sustainability, 7*(6), 6553-6572.
Ni, W. and Wang, J. (2018) Several scientists question the feasibility of the Tianhe project. *Beijing News*, November 22, 2018.
Office of the Undersecretary for Defense Policy (2019) *Report to Congress: Department of Defense Arctic strategy*. U.S. Department of Defense.
Promchote, P., Wang, S.Y.S. and Johnson, P.G. (2016) The 2011 great flood in Thailand: Climate diagnostics and implications from climate change. *Journal of Climate*, 29(1), 367-379.
Qin, L. (2017) Source of Mekong, Yellow and Yangtze rivers drying up. *China Dialogue*, March 8, 2017.
Rigaud, KK., de Sherbinin, A., Jones, B., Bergmann, J., Clement, V., Ober, K., Schewe, J., Adamo, S., McCusker, B., Heuser, S. and Midgley, A. (2018) *Groundswell: Preparing for Internal Climate Migration*. Washington DC: World Bank.
Roy,S.S. and Van Der Weide, R. (2022) Poverty in India Has Declined over the Last Decade But Not As Much As Previously Thought. Policy Research working paper, no. WPS 9994. World Bank, Washington, DC.
Rudincová, K. (2017) Desiccation of Lake Chad as a cause of security instability in the Sahel region. *GeoScape*, 11(2): 112-120.
Schwalm, C. R., Glendon, S. and Duffy, P. B. (2020) RCP8. 5 tracks cumulative CO2 emissions. *Proceedings of the National Academy of Sciences, 117*(33), 19656-19657.
Sekiyama, T. (2022) Climate Security and Its Implications for East Asia. *Climate, 10*(7), 104.
Shidore, S. (2020) *Climate Change and the India-Pakistan Rivalry*. The Council on Strategic Risks, Washington, DC.
—— and Busby W. (2020) *Climate Risks to India's Internal Security*. The Council on Strategic Risks, Washington, DC.
Smith, T.G., Krishnan, N. and Busby, J.W. (2016) *Population-Based Metrics of Subnational Climate Exposure*. Austin: Robert Strauss Center for International Security and Law.
Sojisuporn, P., Sangmanee, C. and Wattayakorn, G. (2013) Recent estimate of

and Development Economics, 21: 23-52.

Green, C. (2020) Why heavy rain and border water pose a chronic political risk for South Korea. *NK Pro*, 11 August 2020.

Homer-Dixon, T. F. (2010) Environment, scarcity, and violence. In *Environment, scarcity, and violence.* Princeton University Press.

Huntington, H.P., Zagorsky, A., Kaltenborn, B.P. et al. (2022) Societal implications of a changing Arctic Ocean. *Ambio*, 51, 298-306.

IPCC (2021) *Climate Change 2021: The Physical Science Basis. Contribution of Working Group I to the Sixth Assessment Report of the Intergovernmental Panel on Climate Change.* Cambridge University Press, Cambridge, UK.

——(2022) Climate Change 2022: Impacts, Adaptation, and Vulnerability; Contribution of Working Group II to the Sixth Assessment Report of the Intergovernmental Panel on Climate Change; Cambridge University Press: Cambridge, UK.

Jayaram, D. (2019) China's Geoengineering Build-up Poses Geopolitical and Security Risks. *Climate Diplomacy*, 5 December, 2019.

Jiang, Z., Raghavan, S. V., Hur, J., Sun, Y., Liong, S. Y., Nguyen, V. Q. and Van Pham Dang, T. (2019) Future changes in rice yields over the Mekong River Delta due to climate change—Alarming or alerting? *Theoretical and Applied Climatology, 137*(1), 545-555.

Kurukulasuriya, P. and Rosenthal, S. (2003) *Climate change and agriculture: A review of impacts and adaptations.* World Bank, Washington, DC.

MAFW (2021) *Pocket book of Agricultural Statistics.* Ministry of Agriculture and Farmers Welfare, India.

MCAA (2017) *Climate-smart agriculture, fisheries and livestock for food security.*

MEF and NCSD (2019) *Addressing Climate Change Impacts on Economic Growth in Cambodia.* Ministry of Economy and Finance (MEF) and National Council for Sustainable Development (NCSD), Cambodia.

Morin, V. M., Warnitchai, P. and Weesakul, S. (2016) Storm surge hazard in Manila Bay: Typhoon Nesat (Pedring) and the SW monsoon. *Natural Hazards*, 81(3), 1569-1588

National Research Council (2012) *Himalayan Glaciers: Climate Change, Water Resources, and Water Security.* Washington DC: The National

International Food Security Assessment, 2020-30. U.S. Department of Agriculture, Economic Research Service, Washington, DC.

BBC (2019) North Korea Suffers Worst Drought in Decades. BBC, May 16, 2019.

Brecht, H., Dasgupta, S., Laplante, B., Murray, S. and Wheeler, D. (2012) Sea-level rise and storm surges: high stakes for a small number of developing countries. *Journal of Environment and Development*, 21, 120-138.

Chen, S. (2017) Chinese Engineers Plan 1,000km Tunnel to Make Xinjiang Desert Bloom. *South China Morning Post*, October 29, 2017.

Dill, C., Naegele, A., Baillargeon, N., Caparas, M., Dusseau, D., Holland, M. and Schwalm, C. (2021) *Converging Crises in North Korea: Security, Stability & Climate Change.* Woodwell Climate Research Center, Falmouth, and The Converging Risks Lab, Washington, DC.

Eastin, J. (2018) Hell and high water: precipitation shocks and conflict violence in the Philippines. *Political Geography*, 63: 116-34.

FAO (2018) *Impacts of climate change on fisheries and aquaculture: Synthesis of current knowledge, adaptation and mitigation options.* Food and Agriculture Organization of the United Nations, Roma.

Femia, F., Goodman, S., Middendorp, T., Rademaker, M., van Schaik, L., Tasse, T. and Werrell, C. (2020) *Climate and Security in the Indo-Asia Pacific 2020.* The Center for Climate and Security, Washington, DC.

Fetzek, S., et al. (2021) *Climate Security and the Strategic Energy Pathway in Southeast Asia: Part of the World Climate and Security Report 2020 Briefer Series.* The Expert Group of the International Military Council on Climate and Security.

——, Fleishman, R. and Rezzonico, A. (2021) *Climate Security and the Strategic Energy Pathway in Southeast Asia.* The Center for Climate and Security, Washington, DC.

——and ivekananda, J. (2015) *Climate Change, Violence and Young People: Report for UNICEF UK.* The International Institute for Strategic Studies, London.

Free, C., Thorson, JT., Pinsky M.L., Oken K.L., Wiedenmann, J. and Jensen, O.P. (2019) Impacts of historical warming on marine fisheries production. *Science*, 363(6430).

Ghimire, R. and Ferreira, S. (2016) Floods and armed conflict. *Environment*

UN (1978) Convention on the prohibition of military or any other hostile use of environmental modification techniques. *Treaty Series,* 1108, 151.

USGS (2023) Mineral Commodity Summaries: Rare Earths. Retrieved March 14, 2023, from https://www.usgs.gov/centers/national-minerals-information-center/rare-earths-statistics-and-information.

Van de Graaf, T., Overland, I., Scholten, D. and Westphal, K. (2020) The new oil? The geopolitics and international governance of hydrogen. *Energy Research & Social Science, 70,* 101667.

Zürn, M. and Schäfer, S. (2013) The Paradox of Climate Engineering. *Global Policy,* 4(3), 266-277.

【第Ⅶ章】

外務省（2022）「海外進出日系企業拠点数調査」.

国土交通省（2021）「沖ノ鳥島における活動拠点整備事業」.

財務省（2021）「貿易相手国上位10カ国の推移」.

南石智紀，高橋弦也，林将大（2021）「2011年タイ洪水から10年を迎えて」東京海上ディーアール，東京.

日本財団（2005）「沖ノ鳥島における経済活動を促進させる調査団報告書」.

松谷満 et al.（2022）「国際化と市民の政治参加に関する世論調査 2021調査報告書（速報：WEB 版）」.

文部科学省，気象庁（2020）「日本の気候変動2020」.

Abbs, B. (2017) The global water crisis in China. *Global Risks Insights,* August 10, 2017.

ADB (2017) *Risk financing for rural climate resilience in the Greater Mekong Subregion. Greater Mekong Subregion Core Environment Program.* Asian Development Bank, Manila.

Altman, J., Ukhvatkina, O. N., Omelko, A. M., Macek, M., Plener, T., Pejcha, V., ... and Dolezal, J. (2018) Poleward migration of the destructive effects of tropical cyclones during the 20th century. *Proceedings of the National Academy of Sciences, 115*(45), 11543-11548.

Annie, G. (2014) Anger Rises in India's Kashmir Valley as People Remain Trapped a Week after Floods. *Washington Post,* September 13, 2014.

Bangalore, M., Smith, A. and Veldkamp, T. (2016) *Exposure to Floods, Climate Change, and Poverty in Vietnam.* The World Bank, Washington, DC.

Baquedano, F., Christensen, C., Ajewole, K. and Beckman, J. (2020)

Qi, Y. ed. (2013) *Annual Review of Low Carbon Development in China : 2010.* World Scientific Publishing, Singapore.

Robock, A., Oman, L. and Stenchikov, G. L. (2008) Regional climate responses to geoengineering with tropical and Arctic SO2 injections. *Journal of Geophysical Research: Atmospheres, 113*(D16).

Rodrik, D. (2014) Green industrial policy. *Oxford review of economic policy, 30*(3), 469-491.

Scheffran, J. (2013) Energy, climate change and conflict: securitization of migration, mitigation and geoengineering. In *International Handbook of Energy Security.* Edward Elgar Publishing.

Schelling, T. C. (1996) The economic diplomacy of geoengineering. *Climatic Change, 33*(3), 303-307.

Schellnhuber, H. J. (2011) Geoengineering: The good, the MAD, and the sensible. *Proceedings of the National Academy of Sciences, 108*(51), 20277-20278.

Schneider, S. H. (1996) Geoengineering: Could—or should—we do it? *Climatic Change, 33*(3), 291-302.

Scholten, D. (2018) The geopolitics of renewables—An introduction and expectations. In *The geopolitics of renewables* (pp. 1-33). Springer, Cham.

Service, R. F. (2018) Cost plunges for capturing carbon dioxide from the air. *Science.* doi: 10.1126/science.aau4107.

SGRP (2019) Perspectives on the UNEA Resolution. Harvard's Solar Geoengineering Research Program, March 29, 2019.

Shepherd, J. (2009) *Geoengineering the Climate: Science, Governance and Uncertainty.* Royal Society, London.

Smith, W. (2020) The cost of stratospheric aerosol injection through 2100. *Environmental Research Letters, 15*(11), 114004.

——and Wagner, G. (2018) Stratospheric aerosol injection tactics and costs in the first 15 years of deployment. *Environmental Research Letters, 13*(12), 124001.

Thompson, H. (2022) The geopolitics of fossil fuels and renewables reshape the world. *Nature,* 603, 364.

Tilmes, S., Müller, R. and Salawitch, R. (2008) The sensitivity of polar ozone depletion to proposed geoengineering schemes. *Science, 320*(5880), 1201-1204.

Ivleva, D. and Tänzler, D. (2019) Geopolitics of decarbonisation: Towards an analytical framework. *Climate Diplomacy Brief.*

Ivleva, D. and Månberger, A. (2021) *A Game Changing? The Geopolitics of Decarbonisation through the Lens of Trade.* Adelphi, Berlin.

Keith, D. W. and Dowlatabadi, H. (1992) A serious look at geoengineering. *Eos, Transactions American Geophysical Union, 73*(27), 289-293.

Kellogg, W.W. and Schneider, S.H. (1974) Climate Stabilization: For Better or for worse? *Science,* 186 (4170), 1163-1172.

Keohane, R.O. (2015) The Global Politics of Climate Change. *Political Science and Politics,* 48 (1), 1163-1172.

Kravitz, B., MacMartin, D. G., Tilmes, S., Richter, J. H., Mills, M. J., Cheng, W., ... and Vitt, F. (2019) Comparing surface and stratospheric impacts of geoengineering with different SO2 injection strategies. *Journal of Geophysical Research: Atmospheres, 124*(14), 7900-7918.

Laville, S. (2019) Top Oil Firms Spending Millions Lobbying to Block Climate Change Policies, Says Report. *The Guardian,* 21 March 2019.

Lin, A. C. (2013) Does geoengineering present a moral hazard. *Ecology LQ, 40,* 673.

Lloyd, I. D. and Oppenheimer, M. (2014) On the design of an international governance framework for geoengineering. *Global Environmental Politics, 14*(2), 45-63.

Maas, A. and Comardicea, I. (2013) Climate Gambit: Engineering Climate Security Risks? *Environmental Change and Security Program Report, 14*(2), 37.

Maas, A. and Scheffran, J. (2012) Climate conflicts 2.0? Climate engineering as a challenge for international peace and security. *Sicherheit und Frieden (S+ F)/Security and Peace,* 193-200.

Meckling, J. and Allan, B. B. (2020) The Evolution of Ideas in Global Climate Policy. *Nature Climate Change,* 10 (5), 434-438.

Nightingale, P. and Cairns, R. (2014) The security implications of geoengineering: Blame, imposed agreement and the security of critical infrastructure. *Sussex University: Climate Geoengineering Governance Working Paper Series, 18.*

Parson, E. A. & Ernst, L. N. (2013) International governance of climate engineering. *Theoretical Inquiries in Law, 14*(1), 307-338.

Corry, O. (2017) The international politics of geoengineering: The feasibility of Plan B for tackling climate change. *Security Dialogue, 48*(4), 297-315.

DNV. (2021) *Energy Transition Outlook 2021.* DNV, Høvik.

Ernst, L. N., and Parson, E. A. (2013). International Governance of Climate Engineering. *Theoretical Inquiries in Law, 14*(1).

Farmer, J. D., Hepburn, C., Ives, M. C., Hale, T., Wetzer, T., Mealy, P., ... and Way, R. (2019) Sensitive intervention points in the post-carbon transition. *Science, 364*(6436), 132-134.

Farrell, H. and Newman, A. L. (2019) Weaponized interdependence: How global economic networks shape state coercion. *International Security, 44*(1), 42-79.

Fialka, J. (2020) US geoengineering research gets a lift with $4 million from congress. *Science.* doi: 10.1126/science.abb0237.

Harrison, A., Martin, L. A. and Nataraj. A. (2017) Green Industrial Policy in Emerging Markets. *Annual Review of Resource Economics,* 9 (1), 253-274.

Hersh, S.H. (1972) Rainmaking Is Used As Weapon by U.S. *The New York Times,* July 3, 1972.

Horton, J.B. and Reynolds, J.L. (2016) The International Politics of Climate Engineering: A Review and Prospectus for International Relations. *International Studies Review,* 18 (3), 438-461.

IPCC (2021) Climate Change 2021: The Physical Science Basis. Contribution of Working Group I to the Sixth Assessment Report of the Intergovernmental Panel on Climate Change. Cambridge University Press, Cambridge, UK.

IEA (2021a) *Net Zero by 2050.* IEA, Paris.

——(2021b) *Renewables 2021.* IEA, Paris.

IRENA - International Renewable Energy Agency (2019b) *A New World. The Geopolitics of the Energy Transformation.* International Renewable Energy Agency, Abu Dhabi.

——(2022a) *Geopolitics of the Energy Transformation: The Hydrogen Factor.* International Renewable Energy Agency, Abu Dhabi.

——(2022b) *Global hydrogen trade to meet the 1.5° C climate goal: Part I – Trade outlook for 2050 and way forward.* International Renewable Energy Agency, Abu Dhabi.

Williams, J. (2012) Social conflict in Africa: A new database. *International Interactions, 38*(4), 503-511.
Sundberg, R., Eck, K. and Kreutz, J. (2012) Introducing the UCDP non-state conflict dataset. *Journal of peace research, 49*(2), 351-362.
Turner, M. D. (2004) Political ecology and the moral dimensions of "resource conflicts": the case of farmer–herder conflicts in the Sahel. *Political geography, 23*(7), 863-889.
Zhang, DD., Brecke, P., Lee, H.F., He, Y and Zhang, J. (2007) Global climate change, war, and population decline in recent human history. *Proceedings of the national Academy of sciences,* 104 (49), 19214-19219.

【第Ⅵ章】

環境省（2022）「2020年度（令和2年度）の温室効果ガス排出量（確報値）」.
Allan, B., Lewis, J.I. and Oatley, T. (2021) Green Industrial Policy and the Global Transformation of Climate Politics. *Global Environmental Politics,* 21 (4), 1-19.
Baum, S. D., Maher, T. M. and Haqq-Misra, J. (2013) Double catastrophe: Intermittent stratospheric geoengineering induced by societal collapse. *Environment Systems and Decisions, 33*(1), 168-180.
Barrett, S. (2008) The Incredible Economics of Geoengineering. *Environmental and Resource Economics,* 39(1), 45-54.
Benedick, R. E. (2011) Considerations on governance for climate remediation technologies: lessons from the 'ozone hole'. *Stanford Journal of Law, Science and Policy, 4*(1), 6-9.
Board, O. S. and National Research Council. (2015) Climate intervention: Reflecting sunlight to cool earth. National Academies Press.
Bonciu, F. (2021) The Dawn of a Geopolitics of a Hydrogen-based Economy. The Place of European Union. *Romanian Journal of European Affairs, 21,* 95.
Briggs, C. M. (2010) Is geoengineering a national security risk. *Policy, 109,* 85-96.
Chemnick, J. (2019) U.S. Blocks U.N. Resolution on Geoengineering. *E&E News,* March 15, 2019.
Colgan, J., Green, J. and Hale, T. (2021) Asset Revaluation and the Existential Politics of Climate Change. *International Organization, 75*(2), 586-610.

——, Nordkvelle, J., Bernauer, T., Böhmelt, T., Brzoska, M., Busby, J. W., ... and Von Uexkull, N. (2014) One effect to rule them all? A comment on climate and conflict. *Climatic Change, 127*(3), 391-397.

Burke, M. B., Miguel, E., Satyanath, S., Dykema, J. A. and Lobell, D. B. (2009) Warming increases the risk of civil war in Africa. *Proceedings of the national Academy of sciences, 106*(49), 20670-20674.

Dalby, S. (2015) Geoengineering: the next era of geopolitics? *Geography Compass, 9*(4), 190-201.

Gilmore, E. A. (2017) Introduction to special issue: Disciplinary perspectives on climate change and conflict. *Current Climate Change Reports, 3*(4), 193-199.

Hendrix, C. S. (2017) The streetlight effect in climate change research on Africa. *Global Environmental Change, 43,* 137-147.

Hsiang, S., Meng, K. and Cane, M. (2011) Civil conflicts are associated with the global climate. *Nature,* 476(7361), 438-441.

Ide, T. (2017) Research methods for exploring the links between climate change and conflict. *Wiley Interdisciplinary Reviews: Climate Change, 8*(3), e456.

IPCC (2022) Climate Change 2022: Impacts, Adaptation, and Vulnerability; Contribution of Working Group II to the Sixth Assessment Report of the Intergovernmental Panel on Climate Change; Cambridge University Press: Cambridge, UK.

Mandani, M. (2009) *Saviours and survivors: Darfur, politics, and the war on terror.* Verso, London and New York.

Meierding, E. (2013) Climate change and conflict: avoiding small talk about the weather. *International Studies Review, 15*(2), 185-203.

O'Loughlin, J., Linke, A. M. and Witmer, F. D. (2014) Modeling and data choices sway conclusions about climate-conflict links. *Proceedings of the National Academy of Sciences, 111*(6), 2054-2055.

Raleigh, C., Linke, A., Hegre, H. and Carlsen, J. (2012) Armed Conflict Location and Event Dataset (ACLED) Codebook. *Center for the Study of Civil War, International Peace Research Institute, Oslo (PRIO).*

Raleigh, C., Linke, A. and O'loughlin, J. (2014) Extreme temperatures and violence. *Nature Climate Change, 4*(2), 76-77.

Salehyan, I., Hendrix, C. S., Hamner, J., Case, C., Linebarger, C., Stull, E. and

Theisen, O. M., Holtermann, H. and Buhaug, H. (2011). Climate wars? Assessing the claim that drought breeds conflict. *International Security, 36*(3), 79-106.

Tir, J. and Stinnett, D. M. (2012) Weathering climate change: Can institutions mitigate international water conflict?. *Journal of Peace Research, 49*(1), 211-225.

Van Baalen, S. and Mobjörk, M. (2018) Climate change and violent conflict in East Africa: Integrating qualitative and quantitative research to probe the mechanisms. *International Studies Review, 20*(4), 547-575.

Van der Land, V. and Hummel, D. (2013) Vulnerability and the role of education in environmentally induced migration in Mali and Senegal. *Ecology and Society, 18*(4).

Vesco P., Kovacic M., Mistry M. and Croicu M. (2021) Climate variability, crop and conflict: Exploring the impacts of spatial concentration in agricultural production. *Journal of Peace Research*, 58(1), 98-113.

Walters, J. T. (2015) A peace park in the Balkans: Cross-border cooperation and livelihood creation through coordinated environmental conservation. In *Livelihoods, natural resources, and post-conflict peacebuilding* (pp. 179-190). Routledge.

Zafar, S. (2021) Water Scarcity in MENA. *EcoMENA*. March 30, 2021.

Zografos, C., Goulden, M. C. and Kallis, G. (2014) Sources of human insecurity in the face of hydro-climatic change. *Global environmental change, 29*, 327-336.

【第V章】

Adams, C., Ide, T., Barnett, J. and Detges, A. (2018) Sampling bias in climate–conflict research. *Nature Climate Change, 8*(3), 200-203.

Barnett, J. (2009) The prize of peace (is eternal vigilance): a cautionary editorial essay on climate geopolitics. *Climatic Change, 96*(1), 1-6.

Bernauer, T. and Gleditsch, N. P. (2012) New event data in conflict research. *International Interactions, 38*(4), 375-381.

Buhaug, H. (2010) Climate not to blame for African civil wars. *Proceedings of the National Academy of Sciences, 107*(38), 16477-16482.

——(2015) Climate–conflict research: some reflections on the way forward. *Wiley Interdisciplinary Reviews: Climate Change, 6*(3), 269-275.

model for conflict prevention: a systematic literature review focusing on African agriculture. *Sustainable Earth* 2, 2.

Priscoli, J. D. and Wolf, A. T. (2009) *Managing and transforming water conflicts*. Cambridge University Press.

Raleigh, C. (2010) Political Marginalization, Climate Change, and Conflict in African Sahel States. *International Studies Review,* 12 (1), 69-89.

——, Choi HJ and Kniveton D. (2015) The Devil is the details: An investigation of the relationships between conflict, food price and climate across Africa. *Global Environmental Change*. 32, 187-199.

Reuveny, R. (2007) *Climate change-induced migration and violent conflict*. Political Geography, 26, 656-673.

Rowhani, P., Degomme, O., Guha-Sapir, D. and Lambin, E. F. (2012) Malnutrition and conflict in Eastern Africa: Impacts of resource variability on human security. In *Climate change, human security and violent conflict* (pp. 559-571). Springer, Berlin, Heidelberg.

Salehyan, I. (2008) From climate change to conflict? No consensus yet. *Journal of peace research, 45*(3), 315-326.

Schilling, J., Akuno, M., Scheffran, J. and Weinzierl, T. (2014) On raids and relations: Climate change, pastoral conflict and adaptation in northwestern Kenya. *Conflict-sensitive adaptation to climate change in Africa,* 241.

Sekiyama T. and Nagashima A. (2019) Solar Sharing for Both Food and Clean Energy Production: Performance of Agrivoltaic Systems for Corn, A Typical Shade-Intolerant Crop. *Environments,* 6(6):65.

Slettebak, R. T. (2012) Don't blame the weather! Climate-related natural disasters and civil conflict. *Journal of Peace Research, 49*(1), 163-176.

Snorek, J., Renaud, F. G. and Kloos, J. (2014) Divergent adaptation to climate variability: a case study of pastoral and agricultural societies in Niger. *Global Environmental Change, 29,* 371-386.

Suliman, O. (2010) *The Darfur Conflict: Geography or Institutions?* New York: Routledge.

Swain, A. (2009) The Indus II and Siachen peace park: Pushing the India–Pakistan peace process forward. *The Round Table, 98*(404), 569-582.

——(2016) Water and post-conflict peacebuilding. *Hydrological Sciences Journal, 61*(7), 1313-1322.

in East Timor: Exploring the socioecological determinants for sustaining peace. *Journal of Intervention and Statebuilding, 12*(2), 185-207.

Krampe, F., Van de Goor, L., Barnhoorn, A., Smith, E.S. and Smith, D. (2020) *Water security and governance in the Horn of Africa.* Stockholm International Peace Research Institute.

Krampe, F., Hegazi, F. and VanDeveer, S.D. (2021) Sustaining peace through better resource governance: Three potential mechanisms for environmental peacebuilding. *World Development,* 144, 105508.

Kumar. P., Geneletti. D. and Nagendra. H.(2016) Spatial assessment of climate change vulnerability at city scale: A study in Bangalore, India, Land Use Policy 58,514-532.

Le Billon, P. (2013) *Fuelling war: Natural resources and armed conflicts.* Routledge.

Linke, A. M., Witmer, F. D., O'Loughlin, J., McCabe, J. T. and Tir, J. (2018) Drought, local institutional contexts, and support for violence in Kenya. *Journal of Conflict Resolution, 62*(7), 1544-1578.

Lujala, P. and Rustad, S. A. (Eds.) (2012) *High-value natural resources and post-conflict peacebuilding.* Routledge.

Mach, K.J., Kraan, C.M., Adger, W.N. et al. (2019) Climate as a risk factor for armed conflict. *Nature* 571, 193-197.

Mathbor, G. M. (2007) Enhancement of community preparedness for natural disasters: The role of social work in building social capital for sustainable disaster relief and management. *International Social Work, 50*(3), 357-369.

Morton, J. F. (2007) The impact of climate change on smallholder and subsistence agriculture. *Proceedings of the national academy of sciences, 104*(50), 19680-19685.

National Research Council (2013) *Climate and social stress: implications for security analysis.* National Academies Press. Washington, DC.

Paul. B., Amber. H., Zev. R., Henry. A., Vicki. B., Christine. D., Kristie. E., Betsy. K.,Kristen. M., Rebecca S. and Erin. S. (2009) Environmental Health Indicators of Climate Change for the United States: Findings from the State Environmental Health Indicator Collaborative, *Environmental Health Perspective,* 117(11), 1673-1681.

Pearson, D. and Newman, P. (2019) Climate security and a vulnerability

61-70.
——, Bruch, C., Carius, A., Conca, K., Dabelko, G.D., Matthew, R. and Weinthal, E. (2021) The past and future(s) of environmental peacebuilding. *International Affairs*, 97 (1), 1-16.
——, Brzoska, M., Donges, J. F. and Schleussner, C. F. (2020) Multi-method evidence for when and how climate-related disasters contribute to armed conflict risk. *Global Environmental Change, 62*, 102063.
——, Schilling, J., Link, J. S., Scheffran, J., Ngaruiya, G. and Weinzierl, T. (2014) On exposure, vulnerability and violence: spatial distribution of risk factors for climate change and violent conflict across Kenya and Uganda. *Political Geography, 43*, 68-81.
Inselman, A. D. (2003) Environmental Degradation and Conflict in Karamoja, Uganda: The Decline of a Pastoral Society. *International Journal of Global Environmental Issues*, 3 (2): 168-187.
IPCC (2022) Climate Change 2022: Impacts, Adaptation, and Vulnerability; Contribution of Working Group II to the Sixth Assessment Report of the Intergovernmental Panel on Climate Change; Cambridge University Press: Cambridge, UK.
Jones, B. T., Mattiacci, E. and Braumoeller, B. F. (2017) Food scarcity and state vulnerability: Unpacking the link between climate variability and violent unrest. *Journal of Peace Research, 54*(3), 335-350.
Kahl, C. H. (1998) Population Growth, Environmental Degradation, and State-Sponsored Violence: The Case of Kenya, 1991-93. *International Security*, 23 (2), 80-119.
Kevane, M. and Gray, L. (2008) Darfur: rainfall and conflict. *Environmental Research Letters, 3*(3), 034006.
Klomp, J. and Bulte, E. (2013) Climate change, weather shocks, and violent conflict: a critical look at the evidence. *Agricultural Economics*, 44, 63-78.
Koubi, V., Bernauer, T., Kalbhenn, A. and Spilker, G. (2012) Climate variability, economic growth, and civil conflict. *Journal of Peace Research*, 49(1), 113-127.
Koubi, V. (2017) Climate Change, the Economy, and Conflict. Curr Clim Change Rep 3, 200-209.
Krampe, F. and Gignoux, S. (2018) Water service provision and peacebuilding

Centre Press and The Johns Hopkins University Press.

Couttenier, M. and Soubeyran, R. (2014) Drought and civil war in sub – saharan africa. *The Economic Journal, 124*(575), 201-244.

Dell, M., Jones, B. F. and Olken, B. A. (2012) Temperature shocks and economic growth: Evidence from the last half century. *American Economic Journal: Macroeconomics, 4*(3), 66-95.

De Stefano, L., Duncan, J., Dinar, S., Stahl, K., Strzepek, K. M. and Wolf, A. T. (2012) Climate change and the institutional resilience of international river basins. *Journal of Peace Research, 49*(1), 193-209.

Fearon, James D. and Laitin, D. (2014) Does Contemporary Armed Conflict Have 'Deep Historical Roots'? (August 20, 2014). Available SSBN. Doi:10.2139/ssrn.1922249.

Fetzer, T. (2014) *Can workfare programs moderate violence? evidence from India*. Economic Organisation and Public Policy Discussion Papers (EOPP 53). Suntory and Toyota International Centres for Economics and Related Disciplines, London, UK.

Government of Netherlands (2022) *Delta Programme*. Available at https://www.government.nl/topics/delta-programme.

Griffiths, R. and Evans, N. (2015) *The welsh marches: resilient farmers? Exploring farmer's resilience to extreme weather events in the recent past.* Ager.

Healy, H. (2007) Korean demilitarized zone: Peace and nature park. *International Journal on World Peace,* 61-83.

Hegre, H. and Sambanis, N. (2006) Sensitivity Analysis of Empirical Results on Civil War Onset. *Journal of Conflict Resolution,* 50(4), 508-535.

Hendrix, C. S. and Glaser, S. M. (2007) Trends and triggers: Climate, climate change and civil conflict in Sub-Saharan Africa. *Political geography, 26*(6), 695-715.

Hendrix, C. S. and Salehyan, I. (2012) Climate Change, Rainfall, and Social Conflict in Africa. *Journal of Peace Research,* 49 (1), 35-50.

Hsiang, S. M. (2010) Temperatures and cyclones strongly associated with economic production in the Caribbean and Central America. *Proceedings of the National Academy of sciences, 107*(35), 15367-15372.

Ide, T. (2015) Why do conflicts over scarce renewable resources turn violent? A qualitative comparative analysis. *Global Environmental Change,* 33 (1),

Development and Change , 40 (3), 423-445.
Bergholt, D. and Lujala, P. (2012) Climate-related natural disasters, economic growth, and armed civil conflict. *Journal of peace research, 49*(1), 147-162.
Bhavnani, R.R. and Lacina, B. (2015) The Effects of Weather-Induced Migration on Sons of the Soil Riots in India. *World Politics*, 67, 760-794.
Böhmelt, T., Bernauer, T., Buhaug, H., Gleditsch, N.P. and Tribaldos, T. (2014) Demand, supply, and restraint: determinants of domestic water conflict and cooperation. *Global Environmental Change*, 29, 337-348.
Bueno de Mesquita, B. and Smith, A. (2017) Political succession: a model of coups, revolution, purges, and everyday politics. *Journal of Conflict Resolution*, 61: 707-43.
Buhaug, H. (2015) Climate–conflict research: some reflections on the way forward. *Wiley Interdisciplinary Reviews: Climate Change, 6*(3), 269-275.
——, Benjaminsen, T. A., Sjaastad, E. and Theisen, O. M. (2015) Climate variability, food production shocks, and violent conflict in Sub-Saharan Africa. *Environmental Research Letters, 10*(12), 125015.
Busby, J. W., Smith, T. G. and Krishnan, N. (2014) Climate security vulnerability in Africa mapping 3.0. *Political Geography, 43*, 51-67.
Carena, M. (2013) Developing the next generation of diverse and healthier maize cultivars tolerant to climate change. *Euphytica*, 190, 471-479.
Carrão, H., Naumann, G. and Barbosa, P. (2016) Mapping global patterns of drought risk: An empirical framework based on sub-national estimates of hazard, exposure and vulnerability. *Global Environmental Change, 39*, 108-124.
Chapman, S., Birch, C. E., Pope, E., Sallu, S., Bradshaw, C., Davie, J. and Marsham, J. H. (2020) Impact of climate change on crop suitability in sub-Saharan Africa in parameterized and convection-permitting regional climate models. *Environmental Research Letters, 15*(9), 094086.
Chavunduka, C. and Bromley, D. W. (2011) Climate, carbon, civil war and flexible boundaries: Sudan's contested landscape. *Land Use Policy, 28*(4), 907-916.
Conca, K. (2018) Environmental cooperation and international peace. In *Environmental conflict* (pp. 225-247). Routledge.
——and Dabelko, G. (2002) *Environmental peacemaking*. Woodrow Wilson

between food price shocks and sociopolitical conflict in urban Africa. *Journal of Peace Research, 51*(6), 679-695.

Snorek, J., Renaud, F.G. and Kloos, J. (2014) Divergent adaptation to climate variability: A case study of pastoral and agricultural societies in Niger. *Global Environmental Change,* 29, 371-386.

Sternberg, T. (2012) Chinese drought, bread and the Arab Spring. *Applied Geography, 34,* 519-524.

Tacoli, C. (2009) Crisis or adaptation? Migration and climate change in a context of high mobility. *Environment and urbanization, 21*(2), 513-525.

Tamimi, A. and Abu Jamous, S. (2012) The implementation of integrated water resources management under uncertain socio − economic, political and climate change conditions. *CLICO West Bank Case Study.*

Watts, M. J. (2013) *Silent violence: Food, famine, and peasantry in northern Nigeria* (Vol. 15). University of Georgia Press.

Witsenburg, K. M. and Adano, W. R. (2009) Of rain and raids: Violent livestock raiding in northern Kenya. *Civil Wars, 11*(4), 514-538.

Wolf, A. T. (2007) Shared Waters: Conflict and Cooperation. *Annual Review of Environment and Resources,* 32,241-269.

【第Ⅳ章】

Adano, W. R., Dietz, T., Witsenburg, K. and Zaal, F. (2012) Climate change, violent conflict and local institutions in Kenya's drylands. *Journal of peace research, 49*(1), 65-80.

Ali, S. and Marton-LeFevre, J. (2007) Peace Parks. Conservation and Conflict Resolution.

Barrios, S., Bertinelli, L. and Strobl, E. (2006) Climatic change and rural–urban migration: The case of sub-Saharan Africa. *Journal of Urban Economics, 60*(3), 357-371.

Barrios, S., Bertinelli, L. and Strobl, E. (2010) Trends in rainfall and economic growth in Africa: A neglected cause of the African growth tragedy. *The Review of Economics and Statistics, 92*(2), 350-366.

Barnett, J. and Adger, W. N. (2007) Climate change, human security and violent conflict. *Political geography,* 26(6), 639-655.

Benjaminsen, T.A., Maganga, F.P. and Abdallah, J.M. (2009) The Kilosa killings: political ecology of a farmer–herder conflict in Tanzania.

——and Kniveton, D. (2012) Come rain or shine: An analysis of conflict and climate variability in East Africa. *Journal of peace research,* 49(1), 51-64.
——and Urdal, H. (2007) Climate change, environmental degradation and armed conflict. *Political geography, 26*(6), 674-694.
Ranson, M. (2014) Crime, weather, and climate change. *Journal of environmental economics and management, 67*(3), 274-302.
Rohles, F. H. (1967) Environmental psychology-bucket of worms. *Psychology today, 1*(2), 54-63.
Rowhani, P., Degomme, O., Guha-Sapir, D. and Lambin, E. F. (2012) Malnutrition and conflict in Eastern Africa: Impacts of resource variability on human security. In *Climate change, human security and violent conflict* (pp. 559-571). Springer, Berlin, Heidelberg.
Rudincová, K. (2017) Desiccation of Lake Chad as a cause of security instability in the Sahel region. *GeoScape,* 11(2): 112-120.
Rüttinger, L. et al. (2015) *A New Climate for Peace: Taking Action on Climate and Fragility Risks.* adelphi, International Alert, Woodrow Wilson International Center for Scholars and European Union Institute for Security Studies.
Sarsons, H. (2015) Rainfall and conflict: A cautionary tale. *Journal of development Economics, 115,* 62-72.
Scheffran, J., Marmer, E. and Sow, P. (2012) Migration as a contribution to resilience and innovation in climate adaptation: Social networks and co-development in Northwest Africa. *Applied geography, 33,* 119-127.
Schilling, J., Opiyo, F. E. and Scheffran, J. (2012) Raiding pastoral livelihoods: motives and effects of violent conflict in north-western Kenya. *Pastoralism: Research, Policy and Practice, 2*(1), 1-16.
Schnabel, I. (2022) A new age of energy inflation: climateflation, fossilflation and greenflation. Speech at a panel on “Monetary Policy and Climate Change” at The ECB and its Watchers XXII Conference. Frankfurt am Main, 17 March 2022.
Selby, J. (2014) Positivist climate conflict research: a critique. *Geopolitics, 19*(4), 829-856.
Smith, S. K. and McCarty, C. (1996) Demographic effects of natural disasters: A case study of Hurricane Andrew. *Demography, 33*(2), 265-275.
Smith, T. G. (2014) Feeding unrest: Disentangling the causal relationship

Mehlum H., Miguel, E. and Torvik, R. (2006) Poverty and crime in 19th century Germany. *Journal of Urban Economics*, 59, 370-388.

Meier, P., Bond, D. and Bond, J. (2007) Environmental influences on pastoral conflict in the Horn of Africa. *Political Geography, 26*(6), 716-735.

Miguel, E., Satyanath, S. and Sergenti, E. (2004) Economic shocks and civil conflict: An instrumental variables approach. *Journal of political Economy, 112*(4), 725-753.

Milman, A. and Arsano, Y. (2012) Climate adaptation in highly vulnerable regions: The politics of human security in Gambella, Ethiopia. *CLICO case study.*

Moore, T. M., Scarpa, A. and Raine, A. (2002) A meta – analysis of serotonin metabolite 5 – HIAA and antisocial behavior. *Aggressive Behavior: Official Journal of the International Society for Research on Aggression, 28*(4), 299-316.

Naik, A., Stigter, E. and Laczko, F. (2007) *Migration, Development and Natural Disasters: Insights from the Indian Ocean Tsunami.* International Organization for Migration.

O'Brien, T. (2012) Food riots as representations of insecurity: examining the relationship between contentious politics and human security. *Conflict, Security and Development,* 12(1), 31-49.

Olzak, S. (1994) The dynamics of ethnic competition and conflict. Stanford University Press.

Petrova, K. (2021) Natural hazards, internal migration and protests in Bangladesh. *Journal of Peace Research, 58*(1), 33-49.

Pietrini, P., Guazzelli, M., Basso, G., Jaffe, K. and Grafman, J. (2000) Neural correlates of imaginal aggressive behavior assessed by positron emission tomography in healthy subjects. *American Journal of Psychiatry, 157*(11), 1772-1781.

Prediger, S., Vollan, B. and Herrmann, B. (2014) Resource scarcity and antisocial behavior. *Journal of Public Economics, 119,* 1-9.

Raleigh, C. (2010) Political marginalization, climate change, and conflict in African Sahel states. *International studies review, 12*(1), 69-86.

——, Choi, H. J. and Kniveton, D. (2015) The devil is in the details: An investigation of the relationships between conflict, food price and climate across Africa. *Global Environmental Change, 32,* 187-199.

——(2022) Climate Change 2022: Impacts, Adaptation, and Vulnerability; Contribution of Working Group II to the Sixth Assessment Report of the Intergovernmental Panel on Climate Change, Cambridge University Press, Cambridge, UK.

Jacob, B., Lefgren, L. and Moretti, E. (2007) The dynamics of criminal behavior evidence from weather shocks. Journal of Human resources, 42(3), 489-527.

Jun, T. (2017) Temperature, maize yield, and civil conflicts in sub-Saharan Africa. *Climate Change,* 142: 183-97.

Koubi, V., Bernauer, T., Kalbhenn, A. and Spilker, G. (2012) Climate variability, economic growth, and civil conflict. *Journal of peace research, 49*(1), 113-127.

Laczko, F. and Aghazarm, C. (2009) Introduction and overview: Enhancing the knowledge base. *Migration, Environment and Climate Change: Assessing the Evidence. Geneva: International Organization for Migration,* 7-40.

Larrick, R. P., Timmerman, T. A., Carton, A. M. and Abrevaya, J. (2011) Temper, temperature, and temptation: Heat-related retaliation in baseball. *Psychological Science, 22*(4), 423-428.

Le Billon, P. (2005) *Fuelling war: Natural resources and armed conflict.* Routledge, London.

Linke, A. M. and Ruether, B. (2021) Weather, wheat, and war: Security implications of climate variability for conflict in Syria. *Journal of Peace Research,* 58(1): 114-131.

Lomborg, B. (2001) *The Skeptical Environmentalist: Measuring the Real State of the World.* Cambridge: Cambridge University Press.

Mallick, B. and Vogt, J. (2012) Cyclone, coastal society and migration: empirical evidence from Bangladesh. *International Development Planning Review, 34*(3), 217-241.

Massey, D. S., Neil, J. S. and Paul, B. B. (2001) Theory of migration. *International Encyclopedia of the Social and Behavioral Sciences,* 9828-9834.

Maystadt, J. F. and Ecker, O. (2014) Extreme weather and civil war: Does drought fuel conflict in Somalia through livestock price shocks? *American Journal of Agricultural Economics,* 96(4), 1157-1182.

Geography, 31(7), 444-453.
Fearon, J. D. (2008) Economic development, insurgency, and civil war. *Institutions and economic performance, 292,* 328.
Gaikwad, N. and Nellis, G. (2017) The majority-minority divide in attitudes toward internal migration: evidence from Mumbai. *American Journal of Political Science,* 61: 456-72.
Grant, J. A. and Shaw, T. M. (2016) New regionalisms, micro-regionalisms, and the migration-conflict nexus: evidence from natural resource sectors in West Africa. In The Ashgate research companion to regionalisms (pp. 395-416). Routledge.
Gray, C. L. (2011) Soil quality and human migration in Kenya and Uganda. *Global Environmental Change, 21*(2), 421-430.
——and Mueller, V. (2012) Drought and population mobility in rural Ethiopia. *World development, 40*(1), 134-145.
Gurr, T. R. (2015) *Why men rebel.* Routledge.
Harari, M. and La Ferrara, E. (2018) Conflict, climate and cells: a disaggregated analysis. *Review of Economics and Statistics,* 100(4): 594-608.
Hauer, M.E., Fussell, E., Mueller, V. et al. (2020) Sea-level rise and human migration. *Nature Reviews Earth and Environment* 1, 28-39.
Hendrix, C. S. and Glaser, S. M. (2007) Trends and triggers: Climate, climate change and civil conflict in Sub-Saharan Africa. *Political geography, 26*(6), 695-715.
Hendrix, C. S. and Salehyan, I. (2012) Climate change, rainfall, and social conflict in Africa. *Journal of peace research, 49*(1), 35-50.
Homer-Dixon, T.F. (1999) *The Environment, Scarcity and Violence.* Princeton: Princeton University Press.
——(2001) *Environment, Scarcity, and Violence.* Princeton: Princeton University Press.
——(2010) Environment, scarcity, and violence. In *Environment, scarcity, and violence.* Princeton University Press.
IPCC (2021) *Climate Change 2021: The Physical Science Basis. Contribution of Working Group I to the Sixth Assessment Report of the Intergovernmental Panel on Climate Change.* Cambridge University Press, Cambridge, UK.

Clement, V., Rigaud, K.K., de Sherbinin, A., Jones, B., Adamo, S., Schewe, J., Sadiq, N. and Shabahat, E. (2021) *Groundswell Part 2 : Acting on Internal Climate Migration.* World Bank, Washington, DC.

Collier, P. and Hoeffler, A. (2004) Greed and grievance in civil war. *Oxford economic papers, 56*(4), 563-595

Dancygier, R. M. (2010) *Immigration and conflict in Europe.* Cambridge University Press.

De Juan, A. (2015) Long-term environmental change and geographical patterns of violence in Darfur, 2003-2005. *Political Geography,* 45: 22-33.

De Sherbinin, A., Castro, M., Gemenne, F., Cernea, M. M., Adamo, S., Fearnside, P. M., ... and Shi, G. (2011) Preparing for resettlement associated with climate change. *Science, 334*(6055), 456-457.

De Stefano, L., Duncan, J., Dinar, S., Stahl, K., Strzepek, K. M. and Wolf, A. T. (2012) Climate change and the institutional resilience of international river basins. *Journal of Peace Research,* 49, 193-209.

Devlin, C. and Hendrix, C.S. (2014) Trends and triggers redux: Climate change, rainfall, and interstate conflict. *Political Geography,* 43, 27-39.

De Waal, A. (2005) *Famine that Kills: Darfur, Sudan.* Oxford University Press, US.

Dube, O. and Vargas, J. F. (2013) Commodity price shocks and civil conflict: Evidence from Colombia. *The review of economic studies,* 80(4), 1384-1421.

Dunne, J. P., Stouffer, R. J. and John, J. G. (2013) Reductions in labour capacity from heat stress under climate warming. *Nature Climate Change,* 3(6), 563-566.

Eaton, D. (2008) The business of peace: raiding and peace work along the Kenya–Uganda border (Part I). *African Affairs, 107*(426), 89-110.

Ember, C. R., Abate Adem, T., Skoggard, I. and Jones, E. C. (2012) Livestock raiding and rainfall variability in northwestern Kenya. *Civil Wars,* 14(2), 159-181.

Ember, C. R., Skoggard, I., Adem, T. A. and Faas, A. J. (2014) Rain and raids revisited: disaggregating ethnic group livestock raiding in the Ethiopian-Kenyan border region. *Civil Wars, 16*(3), 300-327.

Fjelde, H. and von Uexkull, N. (2012) Climate triggers: Rainfall anomalies, vulnerability and communal conflict in sub-Saharan Africa. *Political*

2008: An empirical analysis. *Food policy, 39*, 28-39.

Bernauer, T. and Siegfried, T. (2012) Climate change and international water conflict in Central Asia. *Journal of Peace Research*, 49, 227-239.

Bhavnani, R.R. and Lacina, B. (2015) The effects of weather-induced migration on Sons of the Soil riots in India. *World Politics*, 67: 760-94.

Black, R., Kniveton, D. and Schmidt-Verkerk, K. (2011) Migration and climate change: towards an integrated assessment of sensitivity. *Environment and Planning A, 43*(2), 431-450.

Böhmelt, T., Bernauer, T., Buhaug, H., Gleditsch, NP. and Tribaldos, T. (2014) Demand, supply, and restraint: determinants of domestic water conflict and cooperation. *Global Environmental Change*, 29, 337-348.

Boustan, L. P., Kahn, M. E. and Rhode, P. W. (2012) Moving to higher ground: Migration response to natural disasters in the early twentieth century. *American Economic Review, 102*(3), 238-44.

Brochmann, M. and Gleditsch, N.P. (2012) Shared rivers and conflict—a reconsideration. *Political Geography*, 31, 519-527.

Brochmann, M. and Hensel, P. R. (2009) Peaceful Management of International River Claims. *International Negotiation*, 14, 393-418.

Brown, O. (2008) *Migration and Climate Change*. The International Organization for Migration, Geneva.

Brzoska, M. and Fröhlich, C. (2015) Climate change, migration and violent conflict: vulnerabilities, pathways and adaptation strategies. *Migration and Development*, 5: 190-210.

Burke, PJ. (2012) Economic growth and political survival. *The BE Journal of Macroeconomics*, 12(1), Article 5.

Card, D. and Dahl, G. B. (2011) Family violence and football: The effect of unexpected emotional cues on violent behavior. *The quarterly journal of economics, 126*(1), 103-143.

Caruso, R., Petrarca, I. and Ricciuti, R. (2016) Climate change, rice crops, and violence: evidence from Indonesia. *Journal of Peace Research*, 53: 66-83.

Cederman, L. E., Gleditsch, K. S. and Buhaug, H. (2013) *Inequality, grievances, and civil war*. Cambridge University Press.

Chavunduka, C. and Bromley, D. W. (2011) Climate, carbon, civil war and flexible boundaries: Sudan's contested landscape. *Land Use Policy, 28*(4), 907-916.

Slettebak, R.T. (2012) Don't blame the weather! climate-related natural disasters and civil conflict. *Journal of Peace Resolution,* 49(1), 163-176.

Theisen, O. M. (2012) Climate clashes? Weather variability, land pressure, and organized violence in Kenya, 1989-2004. *Journal of Peace Research,* 49, 81-96.

Wischnath, G. and Buhaug, H. (2014) Rice or riots: On food production and conflict severity across India. *Political Geography, 43,* 6-15.

Yancheva, G et al. (2007) Influence of the intertropical convergence zone on the East Asian monsoon. *Nature,* 445, 74-77.

Yeeles, A. (2015) Weathering unrest: the ecology of urban social disturbances in Africa and Asia. *Journal of Peace Research,* 52, 2: 158-70.

Zhang, D. et al. (2006) Climatic change, wars and dynastic cycles in China over the last millennium. *Climate Change,* 76, 459-477.

——, Brecke, P., Lee, H.F., He, Y. and Zhang, J. (2007) Global climate change, war, and population decline in recent human history. *PNAS,* 104 (49), 19214-19219.

【第Ⅲ章】

日本経済新聞（2022）「温暖化 膨らむ気候難民3000万人超、紛争原因の3倍 50年に2億人も」2022年4月24日付朝刊.

Adano, W. R., Dietz, T., Witsenburg, K. and Zaal, F. (2012) Climate change, violent conflict and local institutions in Kenya's drylands. *Journal of Peace Research,* 49, 65-80.

Bannon, I. and Collier, Pl. (2003) *Natural Resources and Violent Conflict : Options and Actions.* Washington, DC: World Bank.

Barnett, J. and Adger, W.N. (2007) Climate change, human security and violent conflict. *Political Geography,* 26, 639-655.

Baysan, C., Burke, M., González, F., Hsiang, S. and Miguel, E. (2018) *Economic and non-economic factors in violence: Evidence from organized crime, suicides and climate in mexico* (No. w24897). National Bureau of Economic Research.

Benson, L., Petersen, K. and Stein, J. (2007) Anasazi (pre-Columbian Native-American) migrations during the middle-12th and late-13th centuries– were they drought induced? *Climatic change, 83*(1), 187-213.

Berazneva, J. and Lee, D. R. (2013) Explaining the African food riots of 2007-

the global climate. *Nature,* 476(7361), 438-441.

IPCC (2021) Climate Change 2021: The Physical Science Basis. Contribution of Working Group I to the Sixth Assessment Report of the Intergovernmental Panel on Climate Change. Cambridge University Press, Cambridge, UK.

——(2022) Climate Change 2022: Impacts, Adaptation, and Vulnerability; Contribution of Working Group II to the Sixth Assessment Report of the Intergovernmental Panel on Climate Change; Cambridge University Press: Cambridge, UK.

Kennett, D et al. (2012) Development and disintegration of maya political systems in response to climate change. *Science,* 338(6108), 788-791.

Mach, K.J., Kraan, C.M., Adger, W.N. et al. (2019) Climate as a risk factor for armed conflict. *Nature,* 571, 193-197.

Mares, D. and Moffetti, K.W. (2016) Climate change and interpersonal violence: A "global. estimate and regional inequities". *Climate Change,* 135 (2): 297-310.

Miguel, E., Satyanath, S. and Sergenti, E. (2004) Economic shocks and civil conflict: an instrumental variables approach. *Journal of Political Economy,* 112(4), 725-753.

Nel, P. and Righarts, M. (2008) Natural Disasters and the Risk of Violent Civil Conflict. *International Studies Quarterly,* 52 (1), 159-185.

Nina von Uexkull (2014) Sustained drought, vulnerability and civil conflict in Sub-Saharan Africa. *Political Geography,* 43, 16-26.

O'Loughlin, J., Witmer, F.D.W., Linke, A.M., Laing, A. Gettelman, A. and Dudhia, J. (2012) Climate variability and conflict risk in East Africa, 1990-2009. *Proceedings of The National Academy of Sciences of The United States of America,* 109: 18344-49.

Pearson, D. and Newman, P. (2019) Climate security and a vulnerability model for conflict prevention: a systematic literature review focusing on African agriculture. *Sustainable Earth* 2, 2.

Raleigh, C. and Kniveton, D. (2012) Come rain or shine: An analysis of conflict and climate variability in East Africa. *Journal of Peace Research,* 49, 51-64.

Ranson, M. (2014) Crime, weather, and climate change. *Journal of Environmental Economics and Management,* 67 (3): 274-302.

for armed conflict. Social dimensions of climate change workshop paper. Washington DC.: World Bank.

Burke, M.B. (2010) Climate robustly linked to African civil war. *Proceedings of The National Academy of Sciences of The United States of America,* 107 (51): E185.

——, Miguel, E., Satyanath, S., Dykema, J.A. and Lobell, D.B. (2009) Warming increases the risk of civil war in Africa, *Proceedings of The National Academy of Sciences of The United States of America,* 106 (49): 20670-20674.

Busby, JW. (2008) Who cares about the weather? Climate change and U.S. national security. *Security Studies,* 17(3), 468-504.

Ciccone, A. (2011) Economic shocks and civil conflict: A comment. *American Economic Journal: Applied Economics,* 3, 215-227.

Cullen, H M; Menocal, P.B. de; Hemming, S; Hemming, G; Brown, F H; Guilderson, T; Sirocko, F. (2000) Climate Change and the Collapse of the Akkadian Empire: Evidence from the Deep Sea. *Geology,* 28(4), 379-382.

Dell, M., Jones, B.F. and Olken, B.A. (2012) Temperature shocks and economic growth: evidence from the last half century. *American Economic Journal Macroeconomics.* 4(3): 66-95.

Devlin, C. and Hendrix, C.S. (2014) Trends and triggers redux: Climate change, rainfall, and interstate conflict. *Political Geography,* 43, 27-39.

Eastin, J. (2018) Hell and high water: precipitation shocks and conflict violence in the Philippines. *Political Geography,* 63: 116-34.

Egorova, A. and Hendrix, C. (2014) Can natural disasters precipitate peace? Research brief. Strauss Center for International Security and Law.

Ghimire, R. and Ferreira, S. (2016) Floods and armed conflict. *Environment and Development Economics,* 21: 23-52.

Harvey, W. and Bradley, R.S. (2001) What Drives Societal Collapse? *SCIENCE,* 291(5504), 609-610.

Haug, G.H., Gunther, D., Peterson, L.C., Sigman, D.M, Hughen, K.A. and Aeschlimann, B. (2003) Climate and the Collapse of Maya Civilization. *Science,* 299 (5613), 1731-1735.

Hendrix, C. S. and Salehyan, I. (2012) Climate change, rainfall, and social conflict in Africa. *Journal of Peace Research,* 49, 35-50.

Hsiang, S., Meng, K. and Cane, M. (2011) Civil conflicts are associated with

Sundberg, R., Eck, K. and Kreutz, K. (2012) Introducing the UCDP Non-State Conflict Dataset. *Journal of Peace Research,* 49, 351.

Swatuk, Larry A. (2014) Environmental Security. in *Advances in International Environmental Politics 2nd edition,* Michele M. Betsill, Kathryn Hochstetler, Dimitris Stevis ed. New York: Palgrave Macmillan.

United Nations (UN) (2007) Press Release SC/9000 Security Council Holds First-Ever Debate on Impact of Climate Change on PEACE, Security, Hearing over 50 Speakers.

——(2012) Resolution 66/290 Follow-up to paragraph 143 on human security of the 2005 World Summit Outcome.

——(2021) Press Release SC/14445 Climate Change 'Biggest Threat Modern Humans Have Ever Faced', World-Renowned Naturalist Tells Security Council, Calls for Greater Global Cooperation.

U.S. Department of Defense. (2010) *Quadrennial Defense Review 2010.* Washington DC: Department of Defense.

Zhang, DD., Brecke, P., Lee, H.F., He, Y and Zhang, J. (2007) Global climate change, war, and population decline in recent human history. *PNAS,* 104 (49), 19214-19219.

【第Ⅱ章】

気象庁（2022）「エルニーニョ/ラニーニャ現象とは」.

Adano, W. R., Dietz, T., Witsenburg, K. and Zaal, F. (2012) Climate change, violent conflict and local institutions in Kenya's drylands. Journal of Peace Research, 49, 65-80.

Bai, Y. and Kung, J. (2011) Climate shocks and sino-nomadic conflict. The Review of Economics and Statistics, 93 (3), 970-981.

Bergholt, D. and Lujala, P. (2012) Climate-related natural disasters, economic growth, and armed civil conflict. Journal of Peace Resolution, 49(1), 147-62.

Brancati, D. (2007) Political Aftershocks: The Impact of Earthquakes on Intrastate Conflict. *Journal of Conflict Resolution,* 51(5), 715-743.

Buhaug, H. (2010) Climate not to blame for African civil wars. *Proceedings of The National Academy of Sciences of The United States of America,* 107 (38): 16477-16482.

——, Gledistch, N.P. and Theisen, O.M. (2008) Implications of climate change

EU's external action.
Homer-Dixon, T. (1991) On the Threshold: Environmental Changes as Causes of Acute Conflict. *International Security* Vol. 16, No. 2, pp. 76-116.
——(1994) Environmental Scarcities and Violent Conflict: Evidence from Cases. *International Security* Vol. 19, No. 1, pp. 5-40.
——(1998) Environmental Scarcities and Violent Conflict: Evidence from Cases (abridged version), in K. Conca and G. D. Dabelko ed. *Green Planet Blues*. Boulder: Lynne Reinner Press, 287-297.
——(1999) *The Environment, Scarcity and Violence*. Princeton: Princeton University Press.
——(2003) Debating Violent Environments. Environmental Change and Security Project Report, 9, 89-96.
——and J. Blitt ed. (1998) *Ecoviolence: Links Among Environment, Population and Security*. Lanham: Rowman and Littlefield.
Kameyama, Y., and Ono, K. (2021) The development of climate security discourse in Japan. *Sustainability Science, 16*(1), 271-281.
Myers, N. (1989) Environment and Security, *Foreign Policy* Vol. 47, pp. 23-41.
——(1993) *Ultimate Security: The Environmental Basis of Political Stability*. New York: W.W. Norton.
Ohlsson, L. (1999) *Environment, Scarcity and Conflict: A Study of Malthusian Concerns*. Goteborg: PADRIGU.
Raleigh, C., Linke, A., Hegre, H. and Karlsen, J. (2010) Introducing ACLED: An Armed Conflict Location and Event Data Project: Special Data Feature. *Journal of Peace Research*, 47(5), 651-660.
Renner, M. (1989) *National Security: The Economic and Environmental Dimensions*. Worldwatch Paper No. 89 (Washington, DC: Worldwatch Institute).
Salehyan, I., Hendrix, C.S., Hamner, J., Case, C., Linebarger, C., Stull, E. and Williams, J. (2012) Social Conflict in Africa: A New Database. *International Interactions*, 38 (4), 503-511.
Sekiyama, T. (2020) Environmental Security and Japan. *Security Studies*, 2 (1): 65-80.
Sharifi, A., Simangan, D. and Kaneko, S. (2020) Three decades of research on climate change and peace: A bibliometrics analysis. *Sustainability Science*, 16, 1079-1065.

参考文献

【まえがき】

IPCC (2021) Climate Change 2021: The Physical Science Basis. Contribution of Working Group I to the Sixth Assessment Report of the Intergovernmental Panel on Climate Change. Cambridge University Press, Cambridge, UK.

Sekiyama T. (2022a) Climate Security and Its Implications for East Asia. *Climate.* 10(7), 104.

――(2022b) *Examination of Climate Security Risks Facing Japan* [Paper presentation]. RSIS Roundtable on "Climate Security in the Indo-Pacific: Strategic Implications for Defense and Foreign Affairs" held by Centre for Non-Traditional Security Studies, Nanyang Technological University, Singapore, November 2, 2022.

【第Ⅰ章】

外務省（2022）「人間の安全保障：分野をめぐる国際潮流」.

環境省（2007a）「スターン・レビュー：気候変動の経済学」.

――(2007b)「気候安全保障（Climate Security）に関する報告」.

内閣官房（1980）「総合安全保障研究グループ報告書」.

Baechler, G. (1998) Why Environmental Transformation Causes Violence: A Synthesis, Environmental Change and Security Project Report 4, Spring, 24-44.

Barnett, J. (2001) *The Meaning of Environmental Security: Ecological Politics and Policy in the New Security Era.* New York: Zed Books.

Buzan, B. (1991) *People, States and Fear 2nd ed.* Colorado: Lynne Rinner Publishers.

Caballero-Anthony, M. ed. (2016) *An Introduction to Non-Traditional Security Studies – A Transnational Approach.* London; Sage Publications.

Deudney, D. and R. A. Matthew ed. (1999) *Contested Grounds: Security and Politics in the New Environmental Politics.* New York: SUNY Press.

European Union (EU) (2017) *Joint Communication to The European Parliament and The Council: A Strategic Approach to Resilience in the*

[ま]

[ら]

[た]

[な]

[は]

[さ]

索　引

［アルファベット］

［あ］

［か］

著者紹介

関山 健（せきやま・たかし）

京都大学大学院総合生存学館准教授

1998～2003年大蔵省（大臣官房文書課、理財局財政投融資総括課企画係長 等）、05-08年外務省（経済協力局国別開発協力第一課、アジア大洋州局南東アジア第一課メコン班長）、08-10年東京財団（政策研究部研究員）、10-14年明治大学 （国際連携機構特任講師、特任准教授）、14-16年笹川平和財団（日中交流基金室長）、16-19年東洋大学（国際教育センター准教授）、19年より現職、専門は国際政治経済学。東京大学博士、北京大学博士、ハーバード大学修士、香港大学修士

気候安全保障の論理

2023年5月17日　1版1刷

著 者　関山 健
©Takashi Sekiyama, 2023
発行者　國分正哉
発 行　株式会社日経BP
日本経済新聞出版
発 売　株式会社日経BP マーケティング
〒105-8308　東京都港区虎ノ門4-3-12
D T P　マーリンクレイン
印刷／製本　シナノ印刷
装 丁　新井大輔
ISBN978-4-296-11813-7

本書の無断複写・複製（コピー等）は著作権法上の例外を除き，禁じられています。
購入者以外の第三者による電子データ化および電子書籍化は，
私的使用を含め一切認められておりません。
本書籍に関するお問い合わせ，ご連絡は下記にて承ります。
https://nkbp.jp/booksQA

Printed in Japan